JN098710

演習で学ぶ

基礎制御工学
実践編

森 泰親 著

森北出版

まえがき

　本書は，好評を頂いている「演習で学ぶ基礎制御工学」（森北出版，2004 年）の続編である．制御工学を勉強するとき，蛍光ペンを片手に教科書を読むだけでは何度読み返しても理解はなかなか深まらないが，鉛筆を走らせて数値例を解いているときにはっと気づくことがある．このように，定理やアルゴリズムを，受け売りの知識ではなく自分の技として身に付けようとするならば，いろいろな場面を想定して作成された適用事例をたくさん経験することが重要である．

　本書はその目的に沿って書かれた演習本の続編であり，特徴はつぎのとおりである．

(1)　「演習で学ぶ基礎制御工学」の章立てに合わせている．

(2)　逆ラプラス変換をする際には，部分分数への分解を避けては通れない．重根がある場合への対応を含め，ヘビサイドの展開定理の適用例を数多く扱っている．

(3)　周波数応答の図的表現法の代表格であるベクトル軌跡は，システムの特性を把握するための重要なツールである．そこで本書では，パラメータを変えるときのベクトル軌跡の形状変化を扱うことでベクトル軌跡の本質に迫る．

(4)　伝達関数からボード線図を作成する手法は，多くの市販本で解説されている．本書では逆に，与えられたボード線図から伝達関数を推定する問題を扱うことで，ボード線図をより深く理解し，使いこなす技を身に付けることができる．

(5)　制御対象自身あるいは設計後の制御系の共振値やゲイン余裕，位相余裕を知るには，それらを求める計算式を理解したうえで，その式に当てはめれば求められる．本書では逆に，指定する共振値や安定度を満たす制御系設計手法を扱っている．実際の設計においては，与えられた設計仕様を満足するように制御系を構成しなくてはならず，後者の手法をマスターすることが肝要である．

(6)　最終章である第 12 章には，章を超えた内容で出題する総合演習を設けている．

(7)　総合演習の章を除く各章のはじめには，基本的な事項を簡潔にまとめている．

(8)　演習問題の解答はすべて詳細とし，必要に応じて「解説」を設けている．

　上記特徴のうち，(2)，(3)，(4)，(5)，(6) は，「演習で学ぶ基礎制御工学」には書かれていない新しい試みである．実践において役立つ基本的事項が演習問題の形でまとめられている本書によって，制御工学の深みと面白さを楽しみながら実践力を身につけて頂ければ，著者としてこれほど幸せなことはない．

2021 年 9 月

森　泰親

目　次

第1章

システムと制御

基本 制御を行うにはまず，対象とするシステムのどの物理量を制御したいかを明確にしなくてはならない．これを制御量という．制御量はいろいろな要因で変化する．制御量に影響を与えるもののうちで，制御の目的達成のためにわれわれが利用するものを操作量とよび，それ以外を外乱という．制御対象の特性が変化したり外乱による影響を無視できない場合には，図 1.1 に示す閉ループ制御系を用いる．

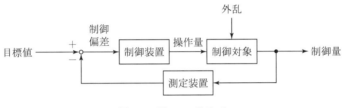

図 1.1 閉ループ制御系

　図のように，閉ループ制御系は，制御量の現在値を測定装置で検出して目標値側にフィードバックすることで，両者を比較しながら制御装置をはたらかせる構成である．このことから，閉フープ制御系をフィードバック制御系ともいう．これにより，制御偏差をゼロにして制御量を目標値に一致させることができる．

　制御したい対象を希望どおりに「制し御する」ためには，その対象の特性を十分に把握しておく必要がある．システムや構成要素の特性を数式で記述することをモデル化とよび，得られるモデルを数式モデルとよぶ．

　モデル化の基礎を学ぶにあたって多くの教科書では，RLC 電気回路または，バネとダシュポットと台車を使った機械振動系を対象としている．本書は実践編であるから，ほんの少しだけ対象を複雑にして，電気と機械の両方の部分からなっている電動機と発電機を扱う．

1.1 🔲 電動機と発電機の動特性を数式で記述する

演習 1.1 ▷ 界磁制御直流電動機の運動方程式

　界磁電圧 $v_f(t)$ を操作して電機子軸の回転角 $\theta(t)$ を制御する直流電動機の構造を図 1.2 に示す. このシステムの動特性を記述せよ.

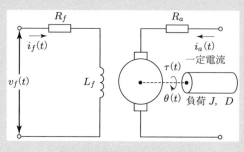

図 1.2　界磁制御直流電動機

解　界磁制御直流電動機では, 電機子電流 $i_a(t)$ をできるだけ一定に保つために, 電機子に直列に大きな抵抗 R_a を接続して電流を供給することで, 電動機の回転による逆起電力の影響を無視できるほどに小さくする.

　まず, 界磁回路において次式が成立する.

$$R_f i_f(t) + L_f \frac{di_f(t)}{dt} = v_f(t) \tag{1.1}$$

界磁電流 $i_f(t)$ によって生じる磁界と電機子電流 $i_a(t)$ との相互作用によりトルク $\tau(t)$ が生じる. ここでは, 電機子電流 $i_a(t)$ を一定とみなし, 比例係数 K_τ を使って界磁電流 $i_f(t)$ に比例したトルクとして, 次式のように表す.

$$\tau(t) = K_\tau i_f(t) \tag{1.2}$$

　一方, 負荷とつながっている電機子軸の慣性モーメントを J, 粘性抵抗係数を D とすると, 回転させるのに必要なトルクは

$$\tau(t) = J \frac{d^2\theta(t)}{dt^2} + D \frac{d\theta(t)}{dt} \tag{1.3}$$

である. 式 (1.2) と式 (1.3) の $\tau(t)$ は等しいから, これらより

$$J \frac{d^2\theta(t)}{dt^2} + D \frac{d\theta(t)}{dt} = K_\tau i_f(t) \tag{1.4}$$

を得る. 式 (1.1) と式 (1.4) が, 図 1.2 に示す電動機の運動方程式である.　　　◀

演習 1.2 ▷ 電機子制御直流電動機の運動方程式

電機子電圧 $v_a(t)$ を操作して電機子軸の回転角 $\theta(t)$ を制御する直流電動機の構造を図 1.3 に示す．このシステムの動特性を記述せよ．

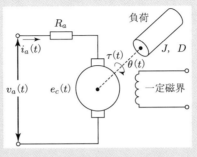

図 1.3 電機子制御直流電動機

解 電機子巻線の抵抗を R_a，電機子電流を $i_a(t)$，電動機の逆起電力を $e_c(t)$ とおくと，この電機子回路において次式が成立する．

$$R_a i_a(t) + e_c(t) = v_a(t) \tag{1.5}$$

ここで，逆起電力 $e_c(t)$ は，回転角速度 $\dfrac{d\theta(t)}{dt}$ に比例する．よって，比例係数 K_v を使って次式のように表せる．

$$e_c(t) = K_v \frac{d\theta(t)}{dt} \tag{1.6}$$

電動機が生むトルク $\tau(t)$ は，磁界と電機子電流 $i_a(t)$ の積に比例する．ここでは，界磁電流を一定にしたので磁界は一定となり，トルクは比例係数 K_τ を使って次式のように記述される．

$$\tau(t) = K_\tau i_a(t) \tag{1.7}$$

一方，負荷とつながっている電機子軸の慣性モーメントを J，粘性抵抗係数を D とすると，回転させるのに必要なトルクは

$$\tau(t) = J\frac{d^2\theta(t)}{dt^2} + D\frac{d\theta(t)}{dt} \tag{1.3 再掲}$$

である．式 (1.7) と式 (1.3) の $\tau(t)$ は等しいから，これらより

$$J\frac{d^2\theta(t)}{dt^2} + D\frac{d\theta(t)}{dt} = K_\tau i_a(t) \tag{1.8}$$

を得る．また，式 (1.6) を式 (1.5) に代入することで次式となる．

$$R_a i_a(t) + K_v \frac{d\theta(t)}{dt} = v_a(t) \tag{1.9}$$

式 (1.8) と式 (1.9) が，図 1.3 に示す電動機の運動方程式である． ◀

演習 1.3 ▷ 直流発電機の動特性

　界磁電圧 $v_f(t)$ を操作して発電電圧 $v_g(t)$ を制御する直流発電機の構造を図 1.4 に示す．このシステムの動特性を記述せよ．

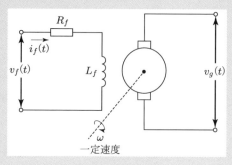

図 1.4　直流発電機

解　界磁回路に電圧 $v_f(t)$ が印加されると，

$$R_f i_f(t) + L_f \frac{di_f(t)}{dt} = v_f(t) \tag{1.1 再掲}$$

に従って，界磁電流 $i_f(t)$ が流れる．界磁電流が流れるとこれによって磁界が生じ，一定速度で回転している電機子がこの磁界を横切ることで，電機子回路には電圧が誘起される．この誘起電圧は磁界の強さに比例し，磁界の強さは磁気飽和の影響を無視するならば，界磁電流 $i_f(t)$ に比例する．

　したがって，電機子回路の電圧降下が無視できるならば，発電電圧 $v_g(t)$ は誘起電圧に等しくなり，比例係数 K_f を使って次式のように表すことができる．

$$v_g(t) = K_f i_f(t) \tag{1.10}$$

　式 (1.1) と式 (1.10) が，図 1.4 に示す発電機の動特性を表す方程式である．　　　◀

第2章

ラプラス変換

基本　周波数領域での理論展開の中核をなすフーリエ変換において，「信号が絶対積分可能である」と「システムは安定である」は仮定として多くの場面で使われる．倒立振子を含め，不安定なシステムを安定化することが制御の第一の目的であることからも，制御対象としているシステムに，それ自体でもつねに安定であると課すことは現実的ではない．

そこで，フーリエ変換の工学的な適用範囲を広げることを目的としてラプラス変換が提案された．

不安定なシステムが作り出す時間関数 $x(t)$ は，時間の経過とともに発散するが，その発散速度よりもさらに速く発散する指数関数 $e^{\alpha t}$ を考える．この指数関数の逆数である $e^{-\alpha t}$ を $x(t)$ に掛ければ，強制的に収束させることができる．すなわち，フーリエ変換

$$X(\omega) = \int_{-\infty}^{\infty} x(t)e^{-j\omega t}dt \tag{2.1}$$

ではなく，$e^{-\alpha t}$ を掛けたうえに，工学への適用で許される $x(t) = 0,\, t < 0$ の条件をつけて次式とする．

$$\left.\begin{array}{l} X(s) = \mathcal{L}[x(t)] = \int_0^\infty x(t)e^{-\alpha t}e^{-j\omega t}dt = \int_0^\infty x(t)e^{-st}dt \\ s = \alpha + j\omega \end{array}\right\} \tag{2.2}$$

これをラプラス変換とよぶ．ラプラス変換は積分が存在する s の領域において用いられる．

ラプラス変換には多くの定理が存在する．その中でもとくに重要なものがつぎの①〜⑥である．

① 線形性

$$\mathcal{L}[ax_1(t) + bx_2(t)] = aX_1(s) + bX_2(s) \tag{2.3}$$

② 時間領域における推移定理

$$\mathcal{L}[x(t - L)] = e^{-Ls}X(s) \tag{2.4}$$

③　複素領域における推移定理

$$\mathcal{L}[e^{-at}x(t)] = X(s+a) \tag{2.5}$$

④　微分のラプラス変換

$$\mathcal{L}\left[\frac{dx(t)}{dt}\right] = sX(s) - x(0) \tag{2.6}$$

⑤　積分のラプラス変換

$$\mathcal{L}\left[\int_0^t x(\tau)d\tau\right] = \frac{1}{s}X(s) \tag{2.7}$$

⑥　最終値の定理

$$\lim_{t\to\infty} x(t) = \lim_{s\to 0} sX(s) \tag{2.8}$$

いろいろな時間関数のラプラス変換を表 2.1 にまとめる. $x(t) \Rightarrow X(s)$ をラプラス変換, $X(s) \Rightarrow x(t)$ を逆ラプラス変換とよぶ.

表 2.1　ラプラス変換表

$x(t),\ t \geqq 0$	$X(s)$	$x(t),\ t \geqq 0$	$X(s)$
$\delta(t)$	1	$\sin\omega t$	$\dfrac{\omega}{s^2+\omega^2}$
$u(t)$	$\dfrac{1}{s}$	$\cos\omega t$	$\dfrac{s}{s^2+\omega^2}$
t	$\dfrac{1}{s^2}$	$e^{-at}\sin\omega t$	$\dfrac{\omega}{(s+a)^2+\omega^2}$
t^n	$\dfrac{n!}{s^{n+1}}$	$e^{-at}\cos\omega t$	$\dfrac{s+a}{(s+a)^2+\omega^2}$
e^{-at}	$\dfrac{1}{s+a}$	$\sin(\omega t+\theta)$	$\dfrac{s\sin\theta+\omega\cos\theta}{s^2+\omega^2}$
te^{-at}	$\dfrac{1}{(s+a)^2}$	$\cos(\omega t+\theta)$	$\dfrac{s\cos\theta-\omega\sin\theta}{s^2+\omega^2}$
$t^n e^{-at}$	$\dfrac{n!}{(s+a)^{n+1}}$	$\sinh\omega t$	$\dfrac{\omega}{s^2-\omega^2}$
$1-e^{-at}$	$\dfrac{a}{s(s+a)}$	$\cosh\omega t$	$\dfrac{s}{s^2-\omega^2}$
$x(at)$	$\dfrac{1}{a}X\left(\dfrac{s}{a}\right)$	$x(t-\tau)$	$e^{-\tau s}X(s)$

2.1 ☐ ヘビサイドの展開定理を理解する

逆ラプラス変換を行うとき，多くの場合，その前処理として部分分数に分解する．それを効率良く計算するためにヘビサイドの展開定理が考え出された．つぎの数値例で定理のしくみを考えよう．

s の有理関数

$$R(s) = \frac{2s + 21}{(s - 2)(s + 3)} \tag{2.9}$$

の逆ラプラス変換をするためには，まず，上式を

$$\frac{2s + 21}{(s - 2)(s + 3)} = \frac{A}{s - 2} + \frac{B}{s + 3} \tag{2.10}$$

のように部分分数に分解する必要がある．上式の両辺に $s - 2$ を掛けると，

$$\frac{2s + 21}{s + 3} = A + \frac{B(s - 2)}{s + 3} \tag{2.11}$$

となるので，この式に $s = 2$ を代入する．

$$\left. \frac{2s + 21}{s + 3} \right|_{s=2} = A + 0$$

$$\therefore\ A = \left. \frac{2s + 21}{s + 3} \right|_{s=2} = \frac{2 \times 2 + 21}{2 + 3} = \frac{25}{5} = 5 \tag{2.12}$$

同様に，式 (2.10) の両辺に $s + 3$ を掛けると，

$$\frac{2s + 21}{s - 2} = \frac{A(s + 3)}{s - 2} + B \tag{2.13}$$

となるので，この式に $s = -3$ を代入して

$$\left. \frac{2s + 21}{s - 2} \right|_{s=-3} = 0 + B$$

$$\therefore\ B = \left. \frac{2s + 21}{s - 2} \right|_{s=-3} = \frac{2 \times (-3) + 21}{-3 - 2} = \frac{15}{-5} = -3 \tag{2.14}$$

を得る．すなわち，式 (2.10) の係数 A, B は，つぎの計算で求められる．

$$A = (s - 2)R(s)|_{s=2} = \left. \frac{2s + 21}{s + 3} \right|_{s=2} = \frac{25}{5} = 5 \tag{2.15}$$

$$B = (s+3) \left. R(s) \right|_{s=-3} = \left. \frac{2s+21}{s-2} \right|_{s=-3} = \frac{15}{-5} = -3 \tag{2.16}$$

したがって，式 (2.9) は

$$R(s) = \frac{5}{s-2} - \frac{3}{s+3} \tag{2.17}$$

となる．これをヘビサイドの展開定理という．

　重根がある場合は，もうひと工夫が必要となる．次式を部分分数に分解しよう．

$$R(s) = \frac{7s-4}{(s-2)^2(s+3)} \tag{2.18}$$

重根がある場合は，つぎの形に分解できる．

$$\frac{7s-4}{(s-2)^2(s+3)} = \frac{A}{(s-2)^2} + \frac{B}{s-2} + \frac{C}{s+3} \tag{2.19}$$

上式の両辺に $(s-2)^2$ を掛けると，

$$\frac{7s-4}{s+3} = A + B(s-2) + \frac{C(s-2)^2}{s+3} \tag{2.20}$$

となるから，この式に $s=2$ を代入する．

$$\left. \frac{7s-4}{s+3} \right|_{s=2} = A + 0 + 0$$

$$\therefore\ A = \left. \frac{7s-4}{s+3} \right|_{s=2} = \frac{7 \times 2 - 4}{2+3} = \frac{10}{5} = 2 \tag{2.21}$$

　つぎの係数 B を求めるために，これまでのやり方を踏襲すれば，まず，式 (2.19) の両辺に $s-2$ を掛ける．

$$\frac{7s-4}{(s-2)(s+3)} = \frac{A}{s-2} + B + \frac{C(s-2)}{s+3} \tag{2.22}$$

この式に $s=2$ を代入すると，右辺第 1 項においてゼロ割が発生する．

　そこで，式 (2.20) を s で微分する．

$$\frac{25}{(s+3)^2} = 0 + B + \frac{2C(s-2)(s+3) - C(s-2)^2}{(s+3)^2} \tag{2.23}$$

この式に $s=2$ を代入すると，次式となる．

$$\left. \frac{25}{(s+3)^2} \right|_{s=2} = 0 + B + 0$$

$$\therefore\ B = \frac{25}{(s+3)^2}\bigg|_{s=2} = \frac{25}{5^2} = 1 \tag{2.24}$$

最後の係数 C を求めるために，式 (2.19) の両辺に $s+3$ を掛けると，

$$\frac{7s-4}{(s-2)^2} = \frac{A(s+3)}{(s-2)^2} + \frac{B(s+3)}{s-2} + C \tag{2.25}$$

となるから，この式に $s = -3$ を代入することで次式を得る．

$$\frac{7s-4}{(s-2)^2}\bigg|_{s=-3} = 0 + 0 + C$$

$$\therefore\ C = \frac{7s-4}{(s-2)^2}\bigg|_{s=-3} = \frac{7 \times (-3) - 4}{(-3-2)^2} = \frac{-25}{25} = -1 \tag{2.26}$$

すなわち，式 (2.19) の係数 A, B, C は，つぎの計算で求められる．

$$A = (s-2)^2 R(s)\big|_{s=2} = \frac{7s-4}{s+3}\bigg|_{s=2} = \frac{10}{5} = 2 \tag{2.27}$$

$$B = \frac{d}{ds}\{(s-2)^2 R(s)\}\bigg|_{s=2} = \frac{d}{ds}\left(\frac{7s-4}{s+3}\right)\bigg|_{s=2} = \frac{25}{(s+3)^2}\bigg|_{s=2}$$

$$= \frac{25}{5^2} = 1 \tag{2.28}$$

$$C = (s+3)R(s)\big|_{s=-3} = \frac{7s-4}{(s-2)^2}\bigg|_{s=-3} = \frac{-25}{25} = -1 \tag{2.29}$$

したがって，式 (2.19) は次式となる．

$$\frac{7s-4}{(s-2)^2(s+3)} = \frac{2}{(s-2)^2} + \frac{1}{s-2} - \frac{1}{s+3} \tag{2.30}$$

演習 2.1 ▷ 二重根がある場合

次式を部分分数に分解せよ．

$$\frac{1}{s(s+2)(s+3)^2} \tag{2.31}$$

解 式 (2.31) の有理関数を $R(s)$ とおく．$R(s)$ はつぎの形の部分分数に分解できる．

$$R(s) = \frac{1}{s(s+2)(s+3)^2} = \frac{A}{s} + \frac{B}{s+2} + \frac{C}{(s+3)^2} + \frac{D}{s+3} \tag{2.32}$$

ヘビサイドの展開定理を適用すれば，上式の右辺の係数はつぎのように求められる．

$$A = sR(s)|_{s=0} = \left. \frac{1}{(s+2)(s+3)^2} \right|_{s=0} = \frac{1}{2 \times 3^2} = \frac{1}{18} \tag{2.33}$$

$$B = (s+2)R(s)|_{s=-2} = \left. \frac{1}{s(s+3)^2} \right|_{s=-2} = \frac{1}{(-2) \times 1^2} = -\frac{1}{2} \tag{2.34}$$

$$C = (s+3)^2 R(s)\big|_{s=-3} = \left. \frac{1}{s(s+2)} \right|_{s=-3} = \frac{1}{(-3) \times (-1)} = \frac{1}{3} \tag{2.35}$$

$$D = \frac{d}{ds}\left\{(s+3)^2 R(s)\right\}\big|_{s=-3} = \frac{d}{ds}\left\{\frac{1}{s(s+2)}\right\}\bigg|_{s=-3} = \left. \frac{-(s+2)-s}{s^2(s+2)^2} \right|_{s=-3}$$

$$= \left. \frac{-2s-2}{s^2(s+2)^2} \right|_{s=-3} = \frac{-2(-3)-2}{(-3)^2(-1)^2} = \frac{6-2}{9} = \frac{4}{9} \tag{2.36}$$

したがって，次式となる.

$$R(s) = \frac{1}{18s} - \frac{1}{2(s+2)} + \frac{1}{3(s+3)^2} + \frac{4}{9(s+3)} \tag{2.37} \blacktriangleleft$$

解説

式 (2.37) の右辺を通分することで，与式 (2.31) となるかどうかを検算してみよう.

$$\frac{1}{18s} - \frac{1}{2(s+2)} + \frac{1}{3(s+3)^2} + \frac{4}{9(s+3)} = \frac{Q(s)}{18s(s+2)(s+3)^2} \tag{2.38}$$

とおけば，上式の右辺の分子多項式 $Q(s)$ はつぎのように計算される.

$$Q(s) = (s+2)(s+3)^2 - 9s(s+3)^2 + 6s(s+2) + 8s(s+2)(s+3)$$

$$= (s+2)(s^2+6s+9) - 9s(s^2+6s+9) + 6(s^2+2s) + 8s(s^2+5s+6)$$

$$= s^3 + 8s^2 + 21s + 18 - 9s^3 - 54s^2 - 81s + 6s^2 + 12s + 8s^3 + 40s^2 + 48s$$

$$= (1-9+8)s^3 + (8-54+6+40)s^2 + (21-81+12+48)s + 18$$

$$= 18 \tag{2.39}$$

上式を式 (2.38) に代入することで，与式 (2.31) となることが確認できる.

演習 2.2 ▷ **三重根がある場合 1**
次式を部分分数に分解せよ.

$$\frac{1}{(s-p_1)(s-p_2)^3} \tag{2.40}$$

解 式 (2.40) の有理関数を $R(s)$ とおく. $R(s)$ はつぎの形の部分分数に分解できる.

$$R(s) = \frac{A}{s-p_1} + \frac{B}{(s-p_2)^3} + \frac{C}{(s-p_2)^2} + \frac{D}{s-p_2} \tag{2.41}$$

上式の両辺に $s-p_1$ を掛ける.

$$(s-p_1)R(s) = A + \frac{B(s-p_1)}{(s-p_2)^3} + \frac{C(s-p_1)}{(s-p_2)^2} + \frac{D(s-p_1)}{s-p_2} \tag{2.42}$$

上式に $s=p_1$ を代入する.

$$(s-p_1)R(s)|_{s=p_1} = A \tag{2.43}$$

式 (2.41) の両辺に $(s-p_2)^3$ を掛ける.

$$(s-p_2)^3 R(s) = \frac{A(s-p_2)^3}{s-p_1} + B + C(s-p_2) + D(s-p_2)^2 \tag{2.44}$$

上式に $s=p_2$ を代入する.

$$(s-p_2)^3 R(s)|_{s=p_2} = B \tag{2.45}$$

式 (2.44) を s で微分する.

$$\frac{d}{ds}\{(s-p_2)^3 R(s)\}$$
$$= \frac{3A(s-p_2)^2(s-p_1) - A(s-p_2)^3 \times 1}{(s-p_1)^2} + 0 + C + 2D(s-p_2) \tag{2.46}$$

上式に $s=p_2$ を代入する.

$$\frac{d}{ds}\{(s-p_2)^3 R(s)\}\Big|_{s=p_2} = C \tag{2.47}$$

式 (2.46) をさらに s で微分する.

$$\frac{d^2}{ds^2}\{(s-p_2)^3 R(s)\} = \frac{\{\cdots\}(s-p_2)}{(s-p_1)^4} + 0 + 2D \tag{2.48}$$

上式に $s=p_2$ を代入する.

$$\frac{d^2}{ds^2}\{(s-p_2)^3 R(s)\}\Big|_{s=p_2} = 2D \tag{2.49}$$

すなわち,

$$D = \frac{1}{2} \cdot \frac{d^2}{ds^2}\{(s-p_2)^3 R(s)\}\Big|_{s=p_2} \tag{2.50}$$

であり，以上で式 (2.41) の右辺の係数をすべて求めることができた. ◀

演習 2.3 ▷ 三重根がある場合 2

次式を部分分数に分解せよ.

$$\frac{1}{s(s+1)^3(s+2)} \tag{2.51}$$

解　式 (2.51) の有理関数を $R(s)$ とおく. $R(s)$ はつぎの形の部分分数に分解できる.

$$R(s) = \frac{A}{s} + \frac{B}{s+2} + \frac{C}{(s+1)^3} + \frac{D}{(s+1)^2} + \frac{E}{s+1} \tag{2.52}$$

ヘビサイドの展開定理を適用すれば, 上式の右辺の係数はつぎのように求められる.

$$A = sR(s)|_{s=0} = \left.\frac{1}{(s+1)^3(s+2)}\right|_{s=0} = \frac{1}{1^3 \times 2} = \frac{1}{2} \tag{2.53}$$

$$B = (s+2)R(s)|_{s=-2} = \left.\frac{1}{s(s+1)^3}\right|_{s=-2} = \frac{1}{(-2) \times (-1)^3} = \frac{1}{2} \tag{2.54}$$

$$C = (s+1)^3 R(s)\big|_{s=-1} = \left.\frac{1}{s(s+2)}\right|_{s=-1} = \frac{1}{(-1) \times 1} = -1 \tag{2.55}$$

$$D = \frac{d}{ds}\left\{(s+1)^3 R(s)\right\}\Big|_{s=-1} = \frac{d}{ds}\left\{\frac{1}{s(s+2)}\right\}\Big|_{s=-1} = \left.\frac{-(2s+2)}{s^2(s+2)^2}\right|_{s=-1}$$

$$= \frac{0}{(-1)^2 \times 1^2} = 0 \tag{2.56}$$

$$E = \frac{1}{2} \cdot \frac{d^2}{ds^2}\{(s+1)^3 R(s)\}\Big|_{s=-1} = \frac{1}{2} \cdot \frac{d}{ds}\left\{\frac{-(2s+2)}{s^2(s+2)^2}\right\}\Big|_{s=-1}$$

$$= \frac{-1}{2} \cdot \left.\frac{2 \cdot s^2(s+2)^2 - (2s+2)\{2s(s+2)^2 + s^2 2(s+2)\}}{s^4(s+2)^4}\right|_{s=-1}$$

$$= \left\{\frac{-1}{s^2(s+2)^2} + \frac{2(s+1)}{s^3(s+2)^2} + \frac{2(s+1)}{s^2(s+2)^3}\right\}\Big|_{s=-1}$$

$$= \frac{-1}{(-1)^2 \times 1^2} + \frac{0}{(-1)^3 \times 1^2} + \frac{0}{(-1)^2 \times 1^3} = -1 \tag{2.57}$$

したがって, 次式となる.

$$R(s) = \frac{1}{2s} + \frac{1}{2(s+2)} - \frac{1}{(s+1)^3} - \frac{1}{s+1} \tag{2.58}◀$$

解説

式 (2.58) の右辺を通分することで, 与式 (2.51) となるかどうかを検算してみよう.

$$\frac{1}{2s} + \frac{1}{2(s+2)} - \frac{1}{(s+1)^3} - \frac{1}{s+1} = \frac{Q(s)}{2s(s+2)(s+1)^3} \tag{2.59}$$

とおけば，上式の右辺の分子多項式 $Q(s)$ はつぎのように計算される．

$$Q(s) = (s+2)(s+1)^3 + s(s+1)^3 - 2s(s+2) - 2s(s+2)(s+1)^2$$

$$= (s+2)(s^3 + 3s^2 + 3s + 1) + s(s^3 + 3s^2 + 3s + 1) - 2s^2 - 4s$$

$$\quad - 2s(s+2)(s^2 + 2s + 1)$$

$$= s^4 + 5s^3 + 9s^2 + 7s + 2 + s^4 + 3s^3 + 3s^2 + s - 2s^2 - 4s$$

$$\quad - 2s^4 - 8s^3 - 10s^2 - 4s$$

$$= (1+1-2)s^4 + (5+3-8)s^3 + (9+3-2-10)s^2 + (7+1-4-4)s + 2$$

$$= 2 \tag{2.60}$$

上式を式 (2.59) に代入することで，与式 (2.51) となることが確認できる．

2.2 ⬚ ラプラス変換を使って微分方程式を解く

演習 2.4 ▷ 1 階の微分方程式を解く 1

つぎの微分方程式を解け．ただし，初期値は，$x(0) = -1$ とする．

$$\frac{dx(t)}{dt} + x(t) = \sin 2t \tag{2.61}$$

解 与式 (2.61) をラプラス変換するとつぎのようになる．

$$\{sX(s) - x(0)\} + X(s) = \frac{2}{s^2 + 4} \tag{2.62}$$

初期値を代入して $X(s)$ について解く．

$$X(s) = -\frac{s^2 + 2}{(s+1)(s^2+4)} \tag{2.63}$$

上式は，つぎの形の部分分数に分解できる．

$$X(s) = -\frac{s^2 + 2}{(s+1)(s^2+4)} = \frac{A}{s+1} + \frac{Bs+C}{s^2+4} \tag{2.64}$$

上式の右辺を通分すると分子はつぎのようになる．

$$A(s^2 + 4) + (Bs + C)(s+1) = (A+B)s^2 + (B+C)s + (4A+C) \tag{2.65}$$

式 (2.64) と式 (2.65) を係数比較することで連立方程式

$$A + B = -1 \tag{2.66}$$

$$B + C = 0 \tag{2.67}$$

$$4A + C = -2 \tag{2.68}$$

が成り立ち，これを解いて，$A = -\dfrac{3}{5}$, $B = -\dfrac{2}{5}$, $C = \dfrac{2}{5}$ を得る．したがって，

$$X(s) = -\frac{3}{5} \times \frac{1}{s+1} - \frac{2}{5} \times \frac{s}{s^2 + 2^2} + \frac{1}{5} \times \frac{2}{s^2 + 2^2} \tag{2.69}$$

を逆ラプラス変換して次式となる．

$$x(t) = -\frac{3}{5} e^{-t} - \frac{2}{5} \cos 2t + \frac{1}{5} \sin 2t \tag{2.70}\blacktriangleleft$$

解説

演習 2.4 において式 (2.63) の部分分数への分解では，

$$X(s) = -\frac{s^2 + 2}{(s+1)(s^2+4)} = \frac{A}{s+1} + \frac{Bs + C}{s^2 + 4} \tag{2.64 再掲}$$

と形を決めてから，通分して係数 A, B, C を求めた．ここでは，ヘビサイドの展開定理を使ってみよう．分母の定数項に複素数を許して

$$-\frac{s^2 + 2}{(s+1)(s^2+4)} = \frac{A}{s+1} + \frac{B}{s - j2} + \frac{C}{s + j2} \tag{2.71}$$

とおく．定数 A, B, C は，以下の計算で求められる．

$$A = -\frac{s^2 + 2}{s^2 + 4}\bigg|_{s=-1} = -\frac{1+2}{1+4} = -\frac{3}{5} \tag{2.72}$$

$$B = -\frac{s^2 + 2}{(s+1)(s+j2)}\bigg|_{s=j2} = -\frac{-4+2}{(j2+1)(j4)} = -\frac{-2}{-8+j4} = -\frac{2+j}{10} \tag{2.73}$$

$$C = -\frac{s^2 + 2}{(s+1)(s-j2)}\bigg|_{s=-j2} = -\frac{-4+2}{(-j2+1)(-j4)} = -\frac{1}{4+j2} = -\frac{2-j}{10} \tag{2.74}$$

したがって，式 (2.63) は

$$X(s) = -\frac{1}{10}\left(\frac{6}{s+1} + \frac{2+j}{s-j2} + \frac{2-j}{s+j2} \right) \tag{2.75}$$

となるから，これを逆ラプラス変換して次式を得る．

$$x(t) = -\frac{1}{10}\{6e^{-t} + (2+j)e^{j2t} + (2-j)e^{-j2t}\} \tag{2.76}$$

上式をオイラーの公式を使って整理する．

$$x(t) = -\frac{1}{10}\{6e^{-t} + 2(e^{j2t} + e^{-j2t}) + j(e^{j2t} - e^{-j2t})\}$$

$$= -\frac{1}{10}(6e^{-t} + 2 \times 2\cos 2t + j \times j2\sin 2t)$$

$$= -\frac{1}{10}(6e^{-3t} + 4\cos 2t - 2\sin 2t)$$

$$= -\frac{3}{5}e^{-3t} - \frac{2}{5}\cos 2t + \frac{1}{5}\sin 2t \tag{2.70 再掲}$$

ラプラス変換を使って解く場合，逆ラプラス変換の準備のために解 $X(s)$ を部分分数に分解する必要がある．その際，分母を複素数のレベルまで許すかどうかで見掛け上かなり違うことを紹介した．二つの解法の流れをまとめると図 2.1 となる．

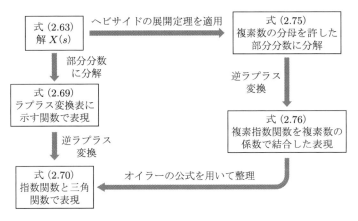

図 2.1 ラプラス変換を使った 2 通りの解き方

演習 2.5 ▷ 1 階の微分方程式を解く 2

つぎの微分方程式を解け．ただし，初期値は，$x(0) = 2$ とする．

$$\frac{dx(t)}{dt} - 3x(t) = e^t \cos t \tag{2.77}$$

解 与式 (2.77) をラプラス変換するとつぎのようになる．

$$\{sX(s) - x(0)\} - 3X(s) = \frac{s-1}{(s-1)^2 + 1^2} \tag{2.78}$$

初期値を代入して $X(s)$ について解く．

$$X(s) = \frac{2s^2 - 3s + 3}{(s-3)\{(s-1)^2 + 1^2\}} \tag{2.79}$$

上式は，つぎの形の部分分数に分解できる．

$$X(s) = \frac{A}{s-3} + \frac{Bs + C}{(s-1)^2 + 1^2} \tag{2.80}$$

上式の右辺を通分して係数比較することで, $A = \dfrac{12}{5}$, $B = -\dfrac{2}{5}$, $C = \dfrac{3}{5}$ を得る. したがって,

$$X(s) = \frac{12}{5} \cdot \frac{1}{s-3} - \frac{1}{5}\left\{ \frac{2s-3}{(s-1)^2 + 1^2} \right\}$$

$$= \frac{12}{5} \cdot \frac{1}{s-3} - \frac{1}{5}\left\{ \frac{2(s-1)}{(s-1)^2 + 1^2} - \frac{1}{(s-1)^2 + 1^2} \right\} \tag{2.81}$$

を逆ラプラス変換して次式となる.

$$x(t) = \frac{1}{5}(12e^{3t} - 2e^t \cos t + e^t \sin t) \tag{2.82} \blacktriangleleft$$

解説 ▬▬▬▬▬▬▬▬▬▬▬▬▬▬▬▬▬▬▬▬▬▬▬▬▬▬▬▬▬▬▬▬▬▬▬▬

式 (2.82) が解であることを確認しよう. まず, 式 (2.82) に $t = 0$ を代入すると,

$$x(0) = \frac{1}{5}(12e^0 - 2e^0 \cos 0 + e^0 \sin 0) = \frac{1}{5}(12 \times 1 - 2 \times 1 \times 1 + 1 \times 0) = \frac{10}{5}$$

$$= 2 \tag{2.83}$$

となり, 初期値 $x(0) = 2$ を満足している.

つぎに, 式 (2.77) が成り立つことを確認する. 式 (2.77) の左辺はつぎのようになる.

$$\frac{dx(t)}{dt} - 3x(t) = \frac{d}{dt}\left\{ \frac{1}{5}(12e^{3t} - 2e^t \cos t + e^t \sin t) \right\}$$

$$- 3 \times \frac{1}{5}(12e^{3t} - 2e^t \cos t + e^t \sin t)$$

$$= \frac{36}{5}e^{3t} - \frac{2}{5}(e^t \cos t - e^t \sin t) + \frac{1}{5}(e^t \sin t + e^t \cos t)$$

$$- \frac{36}{5}e^{3t} + \frac{6}{5}e^t \cos t - \frac{3}{5}e^t \sin t$$

$$= \frac{36}{5}e^{3t} - \frac{1}{5}e^t \cos t + \frac{3}{5}e^t \sin t - \frac{36}{5}e^{3t} + \frac{6}{5}e^t \cos t - \frac{3}{5}e^t \sin t$$

$$= e^t \cos t \tag{2.84}$$

これは, 式 (2.77) の右辺であるから, 式 (2.82) が解であることを確認できた.

演習 2.6 ▷ **2 階の微分方程式を解く 1**

つぎの微分方程式を解け. ただし, 初期値は, $x(0) = 0$, $x'(0) = 1$ とする.

$$\frac{d^2 x(t)}{dt^2} + 4\frac{dx(t)}{dt} + 13x(t) = 2e^{-t} \tag{2.85}$$

解 与式 (2.85) をラプラス変換するとつぎのようになる.

$$\{s^2 X(s) - sx(0) - x'(0)\} + 4\{sX(s) - x(0)\} + 13X(s) = \frac{2}{s+1} \tag{2.86}$$

初期値を代入して $X(s)$ について解く.

$$X(s) = \frac{s+3}{(s+1)(s^2+4s+13)} \tag{2.87}$$

上式を部分分数に分解するとつぎのようになる.

$$X(s) = \frac{1}{5}\left(\frac{1}{s+1} + \frac{-s+2}{s^2+4s+13}\right) \tag{2.88}$$

したがって，次式となる.

$$x(t) = \frac{1}{5}\mathcal{L}^{-1}\left[\frac{1}{s+1} - \frac{s+2}{(s+2)^2+3^2} + \frac{4}{3}\cdot\frac{3}{(s+2)^2+3^2}\right]$$
$$= \frac{1}{5}\left(e^{-t} - e^{-2t}\cos 3t + \frac{4}{3}e^{-2t}\sin 3t\right) \tag{2.89}\blacktriangleleft$$

演習 2.7 ▷ 2 階の微分方程式を解く 2

つぎの微分方程式を解け．ただし，初期値は，$x(0)=1, x'(0)=0$ とする.

$$\frac{d^2 x(t)}{dt^2} - \frac{dx(t)}{dt} - 12x(t) = 2 \tag{2.90}$$

解 与式 (2.90) をラプラス変換するとつぎのようになる.

$$\{s^2 X(s) - sx(0) - x'(0)\} - \{sX(s) - x(0)\} - 12X(s) = \frac{2}{s} \tag{2.91}$$

初期値を代入して $X(s)$ について解く.

$$X(s) = \frac{s^2 - s + 2}{s(s+3)(s-4)} \tag{2.92}$$

上式をつぎの形の部分分数に分解する.

$$X(s) = \frac{A}{s} + \frac{B}{s+3} + \frac{C}{s-4} \tag{2.93}$$

ヘビサイドの展開定理を適用すれば，上式の右辺の係数はつぎのように計算できる.

$$A = sX(s)|_{s=0} = \left.\frac{s^2-s+2}{(s+3)(s-4)}\right|_{s=0} = \frac{2}{3\times(-4)} = -\frac{1}{6} \tag{2.94}$$

$$B = (s+3)X(s)|_{s=-3} = \left.\frac{s^2-s+2}{s(s-4)}\right|_{s=-3} = \frac{9+3+2}{(-3)\times(-7)} = \frac{14}{21} = \frac{2}{3} \tag{2.95}$$

$$C = (s-4)X(s)|_{s=4} = \frac{s^2 - s + 2}{s(s+3)}\Bigg|_{s=4} = \frac{16 - 4 + 2}{4 \times 7} = \frac{14}{28} = \frac{1}{2} \tag{2.96}$$

これにより，式 (2.93) は

$$X(s) = -\frac{1}{6s} + \frac{2}{3(s+3)} + \frac{1}{2(s-4)} \tag{2.97}$$

となる．上式を逆ラプラス変換することで次式を得る．

$$x(t) = -\frac{1}{6} + \frac{2}{3}e^{-3t} + \frac{1}{2}e^{4t} \tag{2.98}$$◀

演習 2.8 ▷ **2 階の微分方程式を解く 3**

つぎの微分方程式を解け．ただし，初期値は，$x(0) = x_0,\ x'(0) = v_0$ とする．

$$\frac{d^2 x(t)}{dt^2} + 2\frac{dx(t)}{dt} + x(t) = 0 \tag{2.99}$$

解　与式 (2.99) をラプラス変換するとつぎのようになる．

$$\{s^2 X(s) - sx(0) - x'(0)\} + 2\{sX(s) - x(0)\} + X(s) = 0 \tag{2.100}$$

初期値を代入して $X(s)$ について解く．

$$X(s) = \frac{(s+2)x_0 + v_0}{(s+1)^2} = \frac{s+2}{(s+1)^2}x_0 + \frac{1}{(s+1)^2}v_0 \tag{2.101}$$

上式の右辺第 1 項を，つぎの形の部分分数に分解する．

$$\frac{s+2}{(s+1)^2}x_0 = \frac{A}{(s+1)^2}x_0 + \frac{B}{s+1}x_0 \tag{2.102}$$

ヘビサイドの展開定理を適用すれば，上式の右辺の係数はつぎのように計算できる．

$$A = \frac{s+2}{(s+1)^2} \cdot (s+1)^2 \Bigg|_{s=-1} = (s+2)|_{s=-1} = -1 + 2 = 1 \tag{2.103}$$

$$B = \frac{d}{ds}\ (s+2)|_{s=-1} = 1 \tag{2.104}$$

これにより，式 (2.101) は

$$X(s) = \left\{ \frac{1}{(s+1)^2} + \frac{1}{s+1} \right\}x_0 + \frac{1}{(s+1)^2}v_0 \tag{2.105}$$

となる．上式を逆ラプラス変換することで次式を得る．

$$x(t) = (te^{-t} + e^{-t})x_0 + te^{-t}v_0 = (1+t)e^{-t}x_0 + te^{-t}v_0 \tag{2.106}$$◀

演習 2.9 ▷▷ 2 階の微分方程式を解く 4

つぎの微分方程式を解け．ただし，初期値は，$x(0) = 0$, $x'(0) = 1$ とする．

$$\frac{d^2 x(t)}{dt^2} + 2\frac{dx(t)}{dt} + x(t) = e^t \tag{2.107}$$

解 与式 (2.107) をラプラス変換するとつぎのようになる．

$$\{s^2 X(s) - sx(0) - x'(0)\} + 2\{sX(s) - x(0)\} + X(s) = \frac{1}{s-1} \tag{2.108}$$

初期値を代入して $X(s)$ について解く．

$$X(s) = \frac{s}{(s-1)(s+1)^2} \tag{2.109}$$

上式を，つぎの形の部分分数に分解する．

$$X(s) = \frac{A}{s-1} + \frac{B}{(s+1)^2} + \frac{C}{s+1} \tag{2.110}$$

ヘビサイドの展開定理を適用すれば，上式の右辺の係数はつぎのように計算できる．

$$A = (s-1)X(s)\big|_{s=1} = \frac{s}{(s+1)^2}\bigg|_{s=1} = \frac{1}{2^2} = \frac{1}{4} \tag{2.111}$$

$$B = (s+1)^2 X(s)\big|_{s=-1} = \frac{s}{s-1}\bigg|_{s=-1} = \frac{-1}{-2} = \frac{1}{2} \tag{2.112}$$

$$C = \frac{d}{ds}\left(\frac{s}{s-1}\right)\bigg|_{s=-1} = \frac{(s-1)-s}{(s-1)^2}\bigg|_{s=-1} = \frac{-1}{(-2)^2} = -\frac{1}{4} \tag{2.113}$$

これにより，式 (2.110) は

$$X(s) = \frac{1}{4}\left\{\frac{1}{s-1} + \frac{2}{(s+1)^2} - \frac{1}{s+1}\right\} \tag{2.114}$$

となる．上式を逆ラプラス変換することで次式を得る．

$$x(t) = \frac{1}{4}(e^t + 2te^{-t} - e^{-t}) = \frac{1}{2}\left(\frac{e^t - e^{-t}}{2} + te^{-t}\right) = \frac{1}{2}(\sinh t + te^{-t}) \tag{2.115} \blacktriangleleft$$

解説

次式で定義される関数

$$\cosh x = \frac{e^x + e^{-x}}{2} \tag{2.116}$$

$$\sinh x = \frac{e^x - e^{-x}}{2} \tag{2.117}$$

$$\tanh x = \frac{e^x - e^{-x}}{e^x + e^{-x}} \tag{2.118}$$

を双曲線関数という．とくに $x = 0$ のとき，

$$\cosh 0 = \frac{e^0 + e^0}{2} = \frac{1+1}{2} = 1 \tag{2.119}$$

$$\sinh 0 = \frac{e^0 - e^0}{2} = \frac{1-1}{2} = 0 \tag{2.120}$$

$$\tanh 0 = \frac{e^0 - e^0}{e^0 + e^0} = \frac{1-1}{1+1} = 0 \tag{2.121}$$

となる．また，双曲線関数の間に

$$\cosh^2 x - \sinh^2 x = 1 \tag{2.122}$$

$$\tanh x = \frac{\sinh x}{\cosh x} \tag{2.123}$$

および，

$$\frac{d}{dx} \cosh x = \sinh x \tag{2.124}$$

$$\frac{d}{dx} \sinh x = \cosh x \tag{2.125}$$

$$\frac{d}{dx} \tanh x = \frac{1}{\cosh^2 x} \tag{2.126}$$

の関係があることは，定義式 (2.116)〜(2.118) を使って簡単に示すことができる．

演習 2.10 ▷ **3 階の微分方程式を解く**

つぎの微分方程式を解け．ただし，初期値は，$x(0) = 0$, $x'(0) = 0$, $x''(0) = 0$ とする．

$$\frac{d^3 x(t)}{dt^3} + 5\frac{d^2 x(t)}{dt^2} + 8\frac{dx(t)}{dt} + 6x(t) = 3 \tag{2.127}$$

解　与式 (2.127) をラプラス変換後，初期値を代入する．

$$s^3 X(s) + 5s^2 X(s) + 8s X(s) + 6X(s) = \frac{3}{s} \tag{2.128}$$

上式を $X(s)$ について解いて，

$$X(s) = \frac{3}{s(s+3)(s^2 + 2s + 2)} \tag{2.129}$$

となる．上式をつぎの形の部分分数に分解する．

$$X(s) = \frac{A}{s} + \frac{B}{s+3} + \frac{Cs + D}{s^2 + 2s + 2} \tag{2.130}$$

上式の右辺の係数のうち，A と B はヘビサイドの展開定理を適用してつぎのように計算できる.

$$A = sX(s)|_{s=0} = \left. \frac{3}{(s+3)(s^2+2s+2)} \right|_{s=0} = \frac{3}{6} = \frac{1}{2} \tag{2.131}$$

$$B = (s+3)X(s)|_{s=-3} = \left. \frac{3}{s(s^2+2s+2)} \right|_{s=-3} = -\frac{1}{5} \tag{2.132}$$

これにより，式 (2.130) は

$$X(s) = \frac{1}{2s} - \frac{1}{5(s+3)} + \frac{Cs+D}{s^2+2s+2} \tag{2.133}$$

となる. 上式の右辺を通分して係数比較することで, 残りの係数 C と D は $C = -\frac{3}{10}, D = -\frac{6}{5}$ と求められる. したがって,

$$\begin{aligned}
X(s) &= \frac{1}{2s} - \frac{1}{5(s+3)} - \frac{3}{10} \cdot \frac{s+4}{s^2+2s+2} \\
&= \frac{1}{2} \cdot \frac{1}{s} - \frac{1}{5} \cdot \frac{1}{s+3} - \frac{3}{10} \left\{ \frac{(s+1)}{(s+1)^2+1^2} + \frac{3}{(s+1)^2+1^2} \right\}
\end{aligned} \tag{2.134}$$

となる. 上式を逆ラプラス変換することで次式を得る.

$$\begin{aligned}
x(t) &= \frac{1}{2} - \frac{1}{5}e^{-3t} - \frac{3}{10}(e^{-t}\cos t + 3e^{-t}\sin t) \\
&= \frac{1}{2} - \frac{1}{5}e^{-3t} - \frac{3}{10}e^{-t}(\cos t + 3\sin t)
\end{aligned} \tag{2.135} \blacktriangleleft$$

演習 2.11 ▷ 1 階の連立微分方程式を解く 1

つぎの微分方程式を解け. ただし, 初期値は, $x(0) = \sqrt{2}, y(0) = \sqrt{3}$ とする.

$$\frac{dx(t)}{dt} + 2y(t) = 0 \tag{2.136}$$

$$\frac{dy(t)}{dt} - x(t) = 0 \tag{2.137}$$

解 与式 (2.136), (2.137) をラプラス変換後, 初期値を代入する.

$$sX(s) - \sqrt{2} + 2Y(s) = 0 \tag{2.138}$$

$$sY(s) - \sqrt{3} - X(s) = 0 \tag{2.139}$$

連立方程式 (2.138), (2.139) を解いて

$$X(s) = \frac{\sqrt{2}s - 2\sqrt{3}}{s^2+2} = \frac{\sqrt{2}s}{s^2+(\sqrt{2})^2} - \frac{\sqrt{6}\sqrt{2}}{s^2+(\sqrt{2})^2} \tag{2.140}$$

$$Y(s) = \frac{\sqrt{3}s + \sqrt{2}}{s^2 + 2} = \frac{\sqrt{3}s}{s^2 + (\sqrt{2})^2} + \frac{\sqrt{2}}{s^2 + (\sqrt{2})^2} \tag{2.141}$$

となるから，逆ラプラス変換して次式となる．

$$x(t) = \sqrt{2}\cos\sqrt{2}t - \sqrt{6}\sin\sqrt{2}t \tag{2.142}$$

$$y(t) = \sqrt{3}\cos\sqrt{2}t + \sin\sqrt{2}t \tag{2.143} \blacktriangleleft$$

演習 2.12 ▷ **1 階の連立微分方程式を解く 2**

つぎの微分方程式を解け．ただし，初期値は，$x(0) = x_0, y(0) = y_0$ とする．

$$\frac{dx(t)}{dt} = -ay(t) \tag{2.144}$$

$$\frac{dy(t)}{dt} = -bx(t) \tag{2.145}$$

解 与式 (2.144)，(2.145) をラプラス変換後，初期値を代入する．

$$sX(s) - x_0 = -aY(s) \tag{2.146}$$

$$sY(s) - y_0 = -bX(s) \tag{2.147}$$

連立方程式 (2.146)，(2.147) を解いて

$$X(s) = \frac{x_0 s - ay_0}{s^2 - ab} = \frac{s}{s^2 - ab}x_0 - \frac{a}{s^2 - ab}y_0 \tag{2.148}$$

$$Y(s) = \frac{y_0 s - bx_0}{s^2 - ab} = \frac{s}{s^2 - ab}y_0 - \frac{b}{s^2 - ab}x_0 \tag{2.149}$$

となるから，逆ラプラス変換して次式となる．

$$x(t) = x_0 \cosh\sqrt{ab}\,t - \sqrt{\frac{a}{b}}y_0 \sinh\sqrt{ab}\,t \tag{2.150}$$

$$y(t) = y_0 \cosh\sqrt{ab}\,t - \sqrt{\frac{b}{a}}x_0 \sinh\sqrt{ab}\,t \tag{2.151} \blacktriangleleft$$

解説

時間関数 $\cosh\omega t$ と $\sinh\omega t$ のラプラス変換を求める．

$$\mathcal{L}[\cosh\omega t] = \mathcal{L}\left[\frac{e^{\omega t} + e^{-\omega t}}{2}\right] = \frac{1}{2}\left(\frac{1}{s-\omega} + \frac{1}{s+\omega}\right) = \frac{s}{s^2 - \omega^2} \tag{2.152}$$

$$\mathcal{L}[\sinh\omega t] = \mathcal{L}\left[\frac{e^{\omega t} - e^{-\omega t}}{2}\right] = \frac{1}{2}\left(\frac{1}{s-\omega} - \frac{1}{s+\omega}\right) = \frac{\omega}{s^2 - \omega^2} \tag{2.153}$$

演習 2.12 の逆ラプラス変換において，式 (2.152) と式 (2.153) の関係を使った．

以下において，式 (2.150) と式 (2.151) が解であることを確かめよう．式 (2.150) と式 (2.151) に $t = 0$ を代入する．

$$x(0) = x_0 \cosh 0 - \sqrt{\frac{a}{b}} y_0 \sinh 0 = x_0 \cdot 1 - \sqrt{\frac{a}{b}} y_0 \cdot 0 = x_0 \tag{2.154}$$

$$y(0) = y_0 \cosh 0 - \sqrt{\frac{b}{a}} x_0 \sinh 0 = y_0 \cdot 1 - \sqrt{\frac{b}{a}} x_0 \cdot 0 = y_0 \tag{2.155}$$

ここで，式 (2.119) と式 (2.120) を使った．式 (2.154) と式 (2.155) から，初期値を満たしていることがわかる．

さらに，式 (2.144) の左辺は式 (2.150) を代入すると，

$$\frac{dx(t)}{dt} = \frac{d}{dt}\left(x_0 \cosh \sqrt{ab}\, t - \sqrt{\frac{a}{b}} y_0 \sinh \sqrt{ab}\, t \right)$$
$$= \sqrt{ab}\, x_0 \sinh \sqrt{ab}\, t - a y_0 \cosh \sqrt{ab}\, t \tag{2.156}$$

に，また式 (2.144) の右辺は式 (2.151) を代入すると，

$$-ay(t) = -a\left(y_0 \cosh \sqrt{ab}\, t - \sqrt{\frac{b}{a}} x_0 \sinh \sqrt{ab}\, t \right)$$
$$= -a y_0 \cosh \sqrt{ab}\, t + \sqrt{ab}\, x_0 \sinh \sqrt{ab}\, t \tag{2.157}$$

になることから，解は式 (2.144) を満足している．

同様に，式 (2.145) の左辺に式 (2.151) を代入すると，

$$\frac{dy(t)}{dt} = \frac{d}{dt}\left(y_0 \cosh \sqrt{ab}\, t - \sqrt{\frac{b}{a}} x_0 \sinh \sqrt{ab}\, t \right)$$
$$= \sqrt{ab}\, y_0 \sinh \sqrt{ab}\, t - b x_0 \cosh \sqrt{ab}\, t \tag{2.158}$$

となり，式 (2.145) の右辺に式 (2.150) を代入すると，

$$-bx(t) = -b\left(x_0 \cosh \sqrt{ab}\, t - \sqrt{\frac{a}{b}} y_0 \sinh \sqrt{ab}\, t \right)$$
$$= -b x_0 \cosh \sqrt{ab}\, t + \sqrt{ab}\, y_0 \sinh \sqrt{ab}\, t \tag{2.159}$$

となって，解は式 (2.145) を満足していることがわかる．ただし，上の微分計算において，式 (2.124) と式 (2.125) を使った．

> 演習 2.13 ▷ 1 階の連立微分方程式を解く 3
>
> つぎの微分方程式を解け. ただし, 初期値は, $x(0) = 1, y(0) = -1$ とする.
>
> $$\frac{dx(t)}{dt} - 7x(t) + y(t) = 0 \tag{2.160}$$
>
> $$\frac{dy(t)}{dt} - 2x(t) - 5y(t) = 0 \tag{2.161}$$

解 与式 (2.160), (2.161) をラプラス変換後, 初期値を代入する.

$$sX(s) - 1 - 7X(s) + Y(s) = 0 \tag{2.162}$$

$$sY(s) + 1 - 2X(s) - 5Y(s) = 0 \tag{2.163}$$

連立方程式 (2.162), (2.163) を解いて

$$X(s) = \frac{s-4}{s^2 - 12s + 37} = \frac{s-6}{(s-6)^2 + 1^2} + \frac{2}{(s-6)^2 + 1^2} \tag{2.164}$$

$$Y(s) = \frac{-s+9}{s^2 - 12s + 37} = \frac{-(s-6)}{(s-6)^2 + 1^2} + \frac{3}{(s-6)^2 + 1^2} \tag{2.165}$$

となるから, 逆ラプラス変換して次式となる.

$$x(t) = e^{6t} \cos t + 2e^{6t} \sin t \tag{2.166}$$

$$y(t) = -e^{6t} \cos t + 3e^{6t} \sin t \tag{2.167}$$ ◀

解説

式 (2.166) と式 (2.167) が解であることを確認しよう. まず, 式 (2.166) と式 (2.167) に $t = 0$ を代入する.

$$x(0) = e^0 \cos 0 + 2e^0 \sin 0 = 1 \times 1 + 2 \times 1 \times 0 = 1 \tag{2.168}$$

$$y(0) = -e^0 \cos 0 + 3e^0 \sin 0 = -1 \times 1 + 3 \times 1 \times 0 = -1 \tag{2.169}$$

となり, 初期値 $x(0) = 1, y(0) = -1$ を満足している.

つぎに, 式 (2.160) が成り立つことを確認する. 式 (2.160) の左辺は, 式 (2.166) と式 (2.167) を代入するとつぎのようになる.

$$\frac{dx(t)}{dt} - 7x(t) + y(t)$$

$$= \frac{d}{dt}(e^{6t} \cos t + 2e^{6t} \sin t) - 7(e^{6t} \cos t + 2e^{6t} \sin t) - e^{6t} \cos t + 3e^{6t} \sin t$$

$$= 6e^{6t} \cos t - e^{6t} \sin t + 12e^{6t} \sin t + 2e^{6t} \cos t - 8e^{6t} \cos t - 11e^{6t} \sin t$$

$$= 0 \tag{2.170}$$

これは，式 (2.160) の右辺である．

また，式 (2.161) の左辺に式 (2.166) と式 (2.167) を代入すると，次式となる．

$$\frac{dy(t)}{dt} - 2x(t) - 5y(t)$$

$$= \frac{d}{dt}(-e^{6t}\cos t + 3e^{6t}\sin t) - 2(e^{6t}\cos t + 2e^{6t}\sin t) - 5(-e^{6t}\cos t + 3e^{6t}\sin t)$$

$$= -6e^{6t}\cos t + e^{6t}\sin t + 18e^{6t}\sin t + 3e^{6t}\cos t + 3e^{6t}\cos t - 19e^{6t}\sin t$$

$$= 0 \tag{2.171}$$

これは，式 (2.161) の右辺である．

以上から，式 (2.166) と式 (2.167) が解であることを確認できた．

演習 2.14 ▷▷ 2 階の連立微分方程式を解く

つぎの微分方程式を解け．ただし，初期値は，$x(0) = x'(0) = y(0) = y'(0) = 0$ とする．

$$\frac{d^2x(t)}{dt^2} - \frac{d^2y(t)}{dt^2} + \frac{dy(t)}{dt} - x(t) = e^t - 2 \tag{2.172}$$

$$2\frac{d^2x(t)}{dt^2} - \frac{d^2y(t)}{dt^2} - 2\frac{dx(t)}{dt} + y(t) = -t \tag{2.173}$$

解 与式 (2.172)，(2.173) をラプラス変換後，初期値を代入する．

$$s^2X(s) - s^2Y(s) + sY(s) - X(s) = \frac{1}{s-1} - \frac{2}{s} \tag{2.174}$$

$$2s^2X(s) - s^2Y(s) - 2sX(s) + Y(s) = -\frac{1}{s^2} \tag{2.175}$$

式 (2.174)，(2.175) をそれぞれ整理して

$$(s+1)X(s) - sY(s) = \frac{-s+2}{s(s-1)^2} \tag{2.176}$$

$$2sX(s) - (s+1)Y(s) = -\frac{1}{s^2(s-1)} \tag{2.177}$$

となるから，連立方程式 (2.176)，(2.177) を解いて

$$X(s) = \frac{1}{s(s-1)^2} = \frac{1}{s} + \frac{1}{(s-1)^2} - \frac{1}{s-1} \tag{2.178}$$

$$Y(s) = \frac{2s-1}{s^2(s-1)^2} = -\frac{1}{s^2} + \frac{1}{(s-1)^2} \tag{2.179}$$

となる．式 (2.178)，(2.179) を逆ラプラス変換して次式となる．

$$x(t) = 1 - e^t + te^t \tag{2.180}$$

$$y(t) = -t + te^t \tag{2.181} \blacktriangleleft$$

解説

式 (2.179) を部分分数に分解してみよう．$Y(s)$ はつぎの形に分解できる．

$$Y(s) = \frac{2s-1}{s^2(s-1)^2} = \frac{A}{s^2} + \frac{B}{s} + \frac{C}{(s-1)^2} + \frac{D}{s-1} \tag{2.182}$$

上式の右辺の係数をヘビサイドの展開定理を用いて計算すると，つぎのようになる．

$$A = s^2 Y(s)\Big|_{s=0} = \frac{2s-1}{(s-1)^2}\Big|_{s=0} = \frac{-1}{(-1)^2} = -1 \tag{2.183}$$

$$B = \frac{d}{ds}\left\{\frac{2s-1}{(s-1)^2}\right\}\Big|_{s=0} = \frac{2(s-1)^2 - (2s-1)2(s-1)}{(s-1)^4}\Big|_{s=0}$$
$$= \frac{2(-1)^2 - (-1)2(-1)}{(-1)^4} = \frac{2-2}{1} = 0 \tag{2.184}$$

$$C = (s-1)^2 Y(s)\Big|_{s=1} = \frac{2s-1}{s^2}\Big|_{s=1} = \frac{2-1}{1^2} = 1 \tag{2.185}$$

$$D = \frac{d}{ds}\left(\frac{2s-1}{s^2}\right)\Big|_{s=1} = \frac{2s^2 - (2s-1)2s}{s^4}\Big|_{s=1} = \frac{2-1\times2\times1}{1^4} = 0 \tag{2.186}$$

したがって，式 (2.179) の右辺となる．

解説

演習 2.4，2.5，2.6 などの解 $x(t)$ は，このままでも間違いではないが，周期が等しい正弦関数と余弦関数の和は一つにまとめて

$$a\sin\omega t + b\cos\omega t = A\sin(\omega t + \varphi) \tag{2.187}$$

のように記述できる．これを単振動の合成という．

式 (2.187) の右辺を加法定理によって展開すると，式 (2.187) は

$$a\sin\omega t + b\cos\omega t = A\cos\varphi\sin\omega t + A\sin\varphi\cos\omega t \tag{2.188}$$

となるから，上式の両辺を比較することで

$$a = A\cos\varphi \tag{2.189}$$

$$b = A\sin\varphi \tag{2.190}$$

となる．式 (2.189) と式 (2.190) から，A と φ を求めよう．

$$\cos^2\varphi + \sin^2\varphi = 1 \tag{2.191}$$

の関係があるので，次式が成り立つ.

$$\frac{a^2}{A^2} + \frac{b^2}{A^2} = 1 \tag{2.192}$$

上式から

$$A = \sqrt{a^2 + b^2} \tag{2.193}$$

を得る. また，式 (2.189) と式 (2.190) を辺々割り算すると，

$$\tan\varphi = \frac{\sin\varphi}{\cos\varphi} = \frac{b}{a} \tag{2.194}$$

となるから，次式を得る.

$$\varphi = \tan^{-1}\frac{b}{a} \tag{2.195}$$

よって，周期が等しい正弦関数と余弦関数の和は，つぎのように合成できる.

$$a\sin\omega t + b\cos\omega t = \sqrt{a^2 + b^2}\sin(\omega t + \varphi) \tag{2.196}$$

$$\varphi = \tan^{-1}\frac{b}{a} \tag{2.195 再掲}$$

第3章

伝達関数

基本 システムの単位インパルス応答 $g(t)$ がわかっているとき，入力信号 $u(t)$ に対する出力信号 $y(t)$ は

$$y(t) = \int_0^\infty g(\tau)u(t-\tau)d\tau \tag{3.1}$$

で記述される．上式の形の積分を畳込み積分という．

いま，$u(t) = 0, t < 0$ として式 (3.1) の辺々をラプラス変換してみよう．

$$\int_0^\infty y(t)e^{-st}dt = \int_0^\infty \int_0^\infty g(\tau)u(t-\tau)d\tau e^{-st}dt \tag{3.2}$$

上式は

$$\int_0^\infty y(t)e^{-st}dt = \int_0^\infty g(\tau)e^{-st}d\tau \int_0^\infty u(t')e^{-st'}dt' \tag{3.3}$$

と書き直すことができるので，$y(t), g(t), u(t)$ のラプラス変換をそれぞれ $Y(s)$, $G(s)$, $U(s)$ とすれば，式 (3.3) は次式のようになる．

$$Y(s) = G(s)U(s) \tag{3.4}$$

すなわち，出力信号のラプラス変換は，単位インパルス応答と入力信号それぞれのラプラス変換の積で表すことができる．この $G(s)$ を伝達関数という．

伝達関数 $G(s)$ は，つぎに示すように 2 通りで定義される．

① 単位インパルス応答のラプラス変換

$$G(s) = \mathcal{L}[g(t)] \tag{3.5}$$

② 入力信号と出力信号それぞれのラプラス変換の商

$$G(s) = \frac{Y(s)}{U(s)} \tag{3.6}$$

3.1 🔲 入力信号から出力信号までの伝達関数を求める

演習 3.1 ▷ 界磁制御直流電動機の伝達関数

図 1.2（再掲）に示す直流電動機において，界磁電圧 $v_f(t)$ を入力信号，電機子軸の回転角 $\theta(t)$ を出力信号とするときの伝達関数を求めよ.

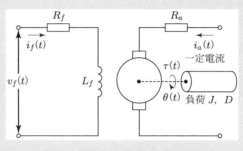

図 1.2 再掲 界磁制御直流電動機

解 電動機の運動方程式を演習 1.1 において，つぎのように求めている.

$$R_f i_f(t) + L_f \frac{di_f(t)}{dt} = v_f(t) \tag{1.1 再掲}$$

$$J \frac{d^2\theta(t)}{dt^2} + D \frac{d\theta(t)}{dt} = K_\tau i_f(t) \tag{1.4 再掲}$$

すべての初期値をゼロとおいて，式 (1.1) と式 (1.4) をラプラス変換する.

$$R_f I_f(s) + L_f s I_f(s) = V_f(s) \tag{3.7}$$

$$Js^2\theta(s) + Ds\theta(s) = K_\tau I_f(s) \tag{3.8}$$

$I_f(s)$ を消去するために，式 (3.8) を

$$I_f(s) = \frac{1}{K_\tau}(Js^2 + Ds)\theta(s) \tag{3.9}$$

と書き直して式 (3.7) に代入する.

$$(R_f + L_f s)\frac{1}{K_\tau}(Js^2 + Ds)\theta(s) = V_f(s) \tag{3.10}$$

上式を変形して，界磁電圧 $v_f(t)$ を入力信号，電機子軸の回転角 $\theta(t)$ を出力信号とするときの伝達関数を求めるとつぎのようになる.

$$\frac{\theta(s)}{V_f(s)} = \frac{K_\tau}{s(D + Js)(R_f + L_f s)} = \frac{\dfrac{K_\tau}{DR_f}}{s\left(1 + \dfrac{J}{D}s\right)\left(1 + \dfrac{L_f}{R_f}s\right)}$$

$$= \frac{K_m}{s(1 + T_m s)(1 + T_f s)} \tag{3.11}$$

ただし，次式が成り立つ．

$$K_m = \frac{K_\tau}{DR_f}, \qquad T_m = \frac{J}{D}, \qquad T_f = \frac{L_f}{R_f} \tag{3.12}\blacktriangleleft$$

演習 3.2 ▷ 電機子制御直流電動機の伝達関数
図 1.3（再掲）に示す直流電動機において，
電機子電圧 $v_a(t)$ を入力信号，電機子軸の回
転角 $\theta(t)$ を出力信号とするときの伝達関数を
求めよ．

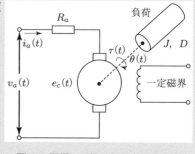

図 1.3 再掲 電機子制御直流電動機

解 電動機の運動方程式を演習 1.2 において，つぎのように求めている．

$$J\frac{d^2\theta(t)}{dt^2} + D\frac{d\theta(t)}{dt} = K_\tau i_a(t) \tag{1.8 再掲}$$

$$R_a i_a(t) + K_v \frac{d\theta(t)}{dt} = v_a(t) \tag{1.9 再掲}$$

すべての初期値をゼロとおいて，式 (1.8) と式 (1.9) をラプラス変換する．

$$Js^2\theta(s) + Ds\,\theta(s) = K_\tau I_a(s) \tag{3.13}$$

$$R_a I_a(s) + K_v s\,\theta(s) = V_a(s) \tag{3.14}$$

$I_a(s)$ を消去するために，式 (3.13) を

$$I_a(s) = \frac{1}{K_\tau}(Js^2 + Ds)\theta(s) \tag{3.15}$$

と変形して，式 (3.14) に代入する．

$$\frac{R_a}{K_\tau}(Js^2 + Ds)\theta(s) + K_v s\,\theta(s) = V_a(s) \tag{3.16}$$

上式を変形することで，所望の伝達関数はつぎのように求められる．

$$s\left(K_v + \frac{DR_a}{K_\tau} + \frac{JR_a}{K_\tau}s\right)\theta(s) = V_a(s)$$

$$\therefore \frac{\theta(s)}{V_a(s)} = \frac{1}{s\left(\dfrac{K_v K_\tau + DR_a}{K_\tau} + \dfrac{JR_a}{K_\tau}s\right)} = \frac{\dfrac{K_\tau}{K_v K_\tau + DR_a}}{s\left(1 + \dfrac{JR_a}{K_v K_\tau + DR_a}s\right)}$$

$$= \frac{K_m}{s(1 + T_m s)} \tag{3.17}$$

ただし，次式が成り立つ.

$$K_m = \frac{K_\tau}{K_v K_\tau + DR_a}, \qquad T_m = \frac{JR_a}{K_v K_\tau + DR_a} \tag{3.18} \blacktriangleleft$$

演習 3.3 ▷ 直流発電機の伝達関数

図 1.4（再掲）に示す直流発電機において，界磁電圧 $v_f(t)$ を入力信号，発電電圧 $v_g(t)$ を出力信号とするときの伝達関数を求めよ.

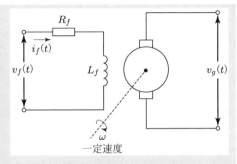

図 1.4 再掲　直流発電機

解　発電機の動特性を演習 1.3 において，つぎのように求めている.

$$R_f i_f(t) + L_f \frac{di_f(t)}{dt} = v_f(t) \tag{1.1 再掲}$$

$$v_g(t) = K_f i_f(t) \tag{1.10 再掲}$$

すべての初期値をゼロとおいて，式 (1.1) と式 (1.10) をラプラス変換する.

$$(R_f + L_f s)I_f(s) = V_f(s) \tag{3.19}$$

$$V_g(s) = K_f I_f(s) \tag{3.20}$$

式 (3.20) の $I_f(s)$ を式 (3.19) に代入する.

$$\frac{R_f + L_f s}{K_f} V_g(s) = V_f(s) \tag{3.21}$$

したがって，界磁電圧 $v_f(t)$ を入力信号，発電電圧 $v_g(t)$ を出力信号とするときの伝達関数は次式となる.

$$\frac{V_g(s)}{V_f(s)} = \frac{K_f}{R_f + L_f s} = \frac{K}{1 + Ts} \tag{3.22}$$

ただし，次式が成り立つ.

$$K = \frac{K_f}{R_f}, \qquad T = \frac{L_f}{R_f} \tag{3.23} \blacktriangleleft$$

演習 3.4 ▷ *RC* 直列回路の伝達関数

図 3.1 に示す電気回路において，入力電圧 $v_i(t)$ から出力電圧 $v_o(t)$ までの伝達関数を求めよ．

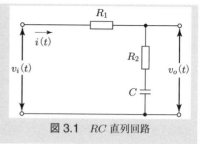

図 3.1 *RC* 直列回路

解 この直列回路に流れる電流を $i(t)$ とすれば，抵抗 R_1 による電圧降下は $R_1 i(t)$ であるから，回路全体の電圧について次式が成立する．

$$v_i(t) = R_1 i(t) + v_o(t) \tag{3.24}$$

また，出力電圧 $v_o(t)$ は，抵抗 R_2 とコンデンサ C の端子電圧の和であるから，

$$v_o(t) = R_2 i(t) + \frac{1}{C} \int_0^t i(\tau) d\tau \tag{3.25}$$

と書くことができる．式 (3.24) と式 (3.25) をラプラス変換する．

$$V_i(s) = R_1 I(s) + V_o(s) \tag{3.26}$$

$$V_o(s) = R_2 I(s) + \frac{1}{Cs} I(s) = \left(R_2 + \frac{1}{Cs} \right) I(s) \tag{3.27}$$

式 (3.27) の $I(s)$ を式 (3.26) に代入する．

$$V_i(s) = \frac{R_1}{R_2 + \dfrac{1}{Cs}} V_o(s) + V_o(s) = \left(1 + \frac{R_1 Cs}{1 + R_2 Cs} \right) V_o(s) \tag{3.28}$$

したがって，入力電圧 $v_i(t)$ から出力電圧 $v_o(t)$ までの伝達関数は次式となる．

$$\frac{V_o(s)}{V_i(s)} = \frac{1 + R_2 Cs}{1 + (R_1 + R_2) Cs} \tag{3.29} \blacktriangleleft$$

演習 3.5 ▷ *RC* 直列並列回路の伝達関数 1

図 3.2 に示す電気回路において，入力電圧 $v_i(t)$ から出力電圧 $v_o(t)$ までの伝達関数を求めよ．

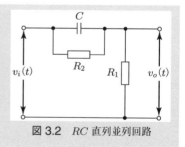

図 3.2 *RC* 直列並列回路

解 電流と電圧を図 3.3 に示すように定義する.

抵抗 R_2 とコンデンサ C が並列に接続されている. 回路全体に流れる電流 $i(t)$ が分流して $i_1(t), i_2(t)$ になることから次式が成り立つ.

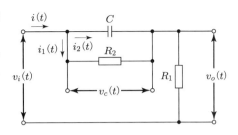

$$i(t) = i_1(t) + i_2(t) \tag{3.30}$$

また, 抵抗 R_2 とコンデンサ C には同じ大きさの電圧 $v_c(t)$ が掛かるので, $i_1(t)$ と $i_2(t)$ はそれぞれ, つぎのように表すことができる.

図 3.3 図 3.2 の電流と電圧

$$i_1(t) = \frac{v_c(t)}{R_2} \tag{3.31}$$

$$i_2(t) = C\frac{dv_c(t)}{dt} \tag{3.32}$$

出力電圧 $v_o(t)$ は抵抗 R_1 の端子電圧であるから

$$v_o(t) = R_1 i(t) \tag{3.33}$$

である. 最後に, 回路全体の電圧について次式が成り立っている.

$$v_i(t) = v_c(t) + v_o(t) \tag{3.34}$$

式 (3.30)〜(3.34) が図 3.3 に示す RC 直列並列回路の動特性を表す方程式である. すべての初期値をゼロとおいてラプラス変換すればつぎのようになる.

$$I(s) = I_1(s) + I_2(s) \tag{3.35}$$

$$I_1(s) = \frac{V_c(s)}{R_2} \tag{3.36}$$

$$I_2(t) = Cs V_c(s) \tag{3.37}$$

$$V_o(s) = R_1 I(s) \tag{3.38}$$

$$V_i(s) = V_c(s) + V_o(s) \tag{3.39}$$

まず, 式 (3.36) と式 (3.37) を式 (3.35) に代入する.

$$I(s) = \frac{V_c(s)}{R_2} + Cs V_c(s) = \left(\frac{1}{R_2} + Cs \right) V_c(s) \tag{3.40}$$

つぎに, 上式を式 (3.38) に代入する.

$$V_o(s) = R_1 \left(\frac{1}{R_2} + Cs \right) V_c(s) = \frac{R_1(1 + R_2 Cs)}{R_2} V_c(s) \tag{3.41}$$

さらに，上式の $V_c(s)$ を式 (3.39) に代入する．

$$V_i(s) = \left\{ 1 + \frac{R_2}{R_1(1 + R_2Cs)} \right\} V_o(s) = \frac{R_1 + R_2 + R_1R_2Cs}{R_1 + R_1R_2Cs} V_o(s) \tag{3.42}$$

したがって，入力電圧 $v_i(t)$ から出力電圧 $v_o(t)$ までの伝達関数は次式となる．

$$\frac{V_o(s)}{V_i(s)} = \frac{R_1 + R_1R_2Cs}{R_1 + R_2 + R_1R_2Cs} \tag{3.43} \blacktriangleleft$$

演習 3.6 ▷ *RC* 直列並列回路の伝達関数 2
　図 3.4 に示す電気回路において，入力電圧 $v_i(t)$ から出力電圧 $v_o(t)$ までの伝達関数を求めよ．

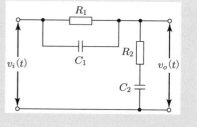

図 3.4　*RC* 直列並列回路

解　電流と電圧を図 3.5 に示すように定義する．
　回路全体を流れる電流 $i(t)$ と，分流する電流 $i_1(t), i_2(t)$ との関係は

$$i(t) = i_1(t) + i_2(t) \tag{3.44}$$

である．抵抗 R_1 に流れる電流は

$$i_1(t) = \frac{v_1(t)}{R_1} \tag{3.45}$$

であり，コンデンサ C_1 に流れる電流は

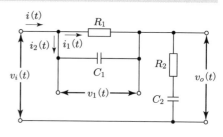

図 3.5　図 3.4 の電流と電圧

$$i_2(t) = C_1 \frac{dv_1(t)}{dt} \tag{3.46}$$

である．また，電気回路全体の電圧に関しては

$$v_i(t) = v_1(t) + v_o(t) \tag{3.47}$$

が成り立ち，出力電圧 $v_o(t)$ については次式が成り立つ．

$$v_o(t) = R_2 i(t) + \frac{1}{C_2} \int_0^t i(\tau)d\tau \tag{3.48}$$

　式 (3.44)〜(3.48) が図 3.5 に示す電気回路の動特性を表す方程式である．すべての初期値をゼロにしてラプラス変換する．

$$I(s) = I_1(s) + I_2(s) \tag{3.49}$$

$$I_1(s) = \frac{V_1(s)}{R_1} \tag{3.50}$$

$$I_2(s) = C_1 s V_1(s) \tag{3.51}$$

$$V_i(s) = V_1(s) + V_o(s) \tag{3.52}$$

$$V_o(s) = R_2 I(s) + \frac{1}{C_2 s} I(s) \tag{3.53}$$

まず，式 (3.50) と式 (3.51) を式 (3.49) に代入する．

$$I(s) = \frac{V_1(s)}{R_1} + C_1 s V_1(s) = \left(\frac{1}{R_1} + C_1 s \right) V_1(s) \tag{3.54}$$

つぎに，上式を式 (3.53) に代入する．

$$V_o(s) = \left(R_2 + \frac{1}{C_2 s} \right) \left(\frac{1}{R_1} + C_1 s \right) V_1(s) \tag{3.55}$$

式 (3.52) から $V_1(s) = V_i(s) - V_o(s)$ であるので，これを式 (3.55) に代入する．

$$
\begin{aligned}
V_o(s) &= \left(R_2 + \frac{1}{C_2 s} \right) \left(\frac{1}{R_1} + C_1 s \right) \{ V_i(s) - V_o(s) \} \\
&= \left(R_2 + \frac{1}{C_2 s} \right) \left(\frac{1}{R_1} + C_1 s \right) V_i(s) - \left(R_2 + \frac{1}{C_2 s} \right) \left(\frac{1}{R_1} + C_1 s \right) V_o(s) \\
\therefore \quad & \left\{ 1 + \left(R_2 + \frac{1}{C_2 s} \right) \left(\frac{1}{R_1} + C_1 s \right) \right\} V_o(s) = \left(R_2 + \frac{1}{C_2 s} \right) \left(\frac{1}{R_1} + C_1 s \right) V_i(s)
\end{aligned}
\tag{3.56}
$$

したがって，入力電圧 $v_i(t)$ から出力電圧 $v_o(t)$ までの伝達関数はつぎのように計算される．

$$
\begin{aligned}
\frac{V_o(s)}{V_i(s)} &= \frac{\left(R_2 + \dfrac{1}{C_2 s} \right) \left(\dfrac{1}{R_1} + C_1 s \right)}{1 + \left(R_2 + \dfrac{1}{C_2 s} \right) \left(\dfrac{1}{R_1} + C_1 s \right)} = \frac{(1 + R_2 C_2 s)(1 + R_1 C_1 s)}{R_1 C_2 s + (1 + R_2 C_2 s)(1 + R_1 C_1 s)} \\
&= \frac{1 + (R_1 C_1 + R_2 C_2)s + R_1 R_2 C_1 C_2 s^2}{1 + (R_1 C_1 + R_1 C_2 + R_2 C_2)s + R_1 R_2 C_1 C_2 s^2}
\end{aligned}
\tag{3.57}
$$◀

演習 3.7 ▷ 機械振動系の伝達関数 1

図 3.6 に示す機械振動系において，変位 $x_1(t)$ を入力信号，変位 $x_2(t)$，変位 $x_3(t)$ を出力信号とするときの伝達関数を求めよ．

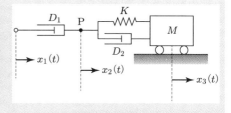

図 3.6　機械振動系 1

解　ダシュポット D_1 のピストンとシリンダの相対速度は，$\dfrac{d\{x_1(t) - x_2(t)\}}{dt}$ である．また，ばね K の長さの変化量は $x_2(t) - x_3(t)$ であり，ダシュポット D_2 のピストンとシリンダの相

対速度は，$\dfrac{d\{x_2(t) - x_3(t)\}}{dt}$ である．したがって，点 P についての運動方程式は次式となる．

$$D_1 \frac{d\{x_1(t) - x_2(t)\}}{dt} = K\{x_2(t) - x_3(t)\} + D_2 \frac{d\{x_2(t) - x_3(t)\}}{dt} \tag{3.58}$$

台車 M は，ばね K とダッシュポット D_2 から力を受けて，加速度 $\dfrac{d^2 x_3(t)}{dt^2}$ を生じる．よって，台車の運動方程式は

$$M \frac{d^2 x_3(t)}{dt^2} = K\{x_2(t) - x_3(t)\} + D_2 \frac{d\{x_2(t) - x_3(t)\}}{dt} \tag{3.59}$$

となる．式 (3.58) と式 (3.59) が図 3.6 に示す機械振動系の運動方程式である．
すべての初期値をゼロとしてラプラス変換する．

$$D_1\{sX_1(s) - sX_2(s)\} = K\{X_2(s) - X_3(s)\} + D_2\{sX_2(s) - sX_3(s)\} \tag{3.60}$$

$$Ms^2 X_3(s) = K\{X_2(s) - X_3(s)\} + D_2\{sX_2(s) - sX_3(s)\} \tag{3.61}$$

式 (3.60) と式 (3.61) それぞれを変数ごとにまとめる．

$$D_1 sX_1(s) = (D_1 s + D_2 s + K)X_2(s) - (D_2 s + K)X_3(s) \tag{3.62}$$

$$(Ms^2 + D_2 s + K)X_3(s) = (D_2 s + K)X_2(s) \tag{3.63}$$

式 (3.62) と式 (3.63) から $X_3(s)$ を消去すればつぎのようになる．

$$\begin{aligned} D_1 sX_1(s) &= (D_1 s + D_2 s + K)X_2(s) - \frac{(D_2 s + K)^2}{Ms^2 + D_2 s + K}X_2(s) \\ &= \frac{M(D_1 + D_2)s^3 + (MK + D_1 D_2)s^2 + KD_1 s}{Ms^2 + D_2 s + K}X_2(s) \end{aligned} \tag{3.64}$$

したがって，変位 $x_1(t)$ を入力信号，変位 $x_2(t)$ を出力信号とするときの伝達関数は次式となる．

$$\frac{X_2(s)}{X_1(s)} = \frac{MD_1 s^2 + D_1 D_2 s + KD_1}{M(D_1 + D_2)s^2 + (MK + D_1 D_2)s + KD_1} \tag{3.65}$$

また，式 (3.62) と式 (3.63) から $X_2(s)$ を消去すればつぎのようになる．

$$\begin{aligned} D_1 sX_1(s) &= \frac{(D_1 s + D_2 s + K)(Ms^2 + D_2 s + K)}{D_2 s + K}X_3(s) - (D_2 s + K)X_3(s) \\ &= \frac{M(D_1 + D_2)s^3 + (MK + D_1 D_2)s^2 + KD_1 s}{D_2 s + K}X_3(s) \end{aligned} \tag{3.66}$$

したがって，変位 $x_1(t)$ を入力信号，変位 $x_3(t)$ を出力信号とするときの伝達関数は次式となる．

$$\frac{X_3(s)}{X_1(s)} = \frac{D_1 D_2 s + KD_1}{M(D_1 + D_2)s^2 + (MK + D_1 D_2)s + KD_1} \tag{3.67}\blacktriangleleft$$

演習 3.8 ▷ 機械振動系の伝達関数 2

図 3.7 に示す機械振動系において，外力 $f(t)$ を入力信号，変位 $x_1(t)$，変位 $x_2(t)$ を出力信号とするときの伝達関数を求めよ．

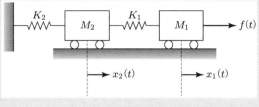

図 3.7　機械振動系 2

解　ばね K_1 の伸びは $x_1(t) - x_2(t)$ であり，ばね K_1 が自然長に戻ろうとする力は，台車 M_1 に外力 $f(t)$ とは逆の方向に掛かる．したがって，台車 M_1 の運動方程式は次式となる．

$$M_1 \frac{d^2 x_1(t)}{dt^2} = f(t) - K_1\{x_1(t) - x_2(t)\} \tag{3.68}$$

また，台車 M_2 には，右向きに $K_1\{x_1(t) - x_2(t)\}$，左向きに $K_2 x_2(t)$ の力が掛かるので，台車 M_2 の運動方程式は

$$M_2 \frac{d^2 x_2(t)}{dt^2} = K_1\{x_1(t) - x_2(t)\} - K_2 x_2(t) \tag{3.69}$$

となる．式 (3.68) と式 (3.69) が図 3.7 に示す機械振動系の運動方程式である．
すべての初期値をゼロにしてラプラス変換する．

$$M_1 s^2 X_1(s) = F(s) - K_1\{X_1(s) - X_2(s)\}$$

$$\therefore (M_1 s^2 + K_1) X_1(s) = K_1 X_2(s) + F(s) \tag{3.70}$$

$$M_2 s^2 X_2(s) = K_1\{X_1(s) - X_2(s)\} - K_2 X_2(s)$$

$$\therefore (M_2 s^2 + K_1 + K_2) X_2(s) = K_1 X_1(s) \tag{3.71}$$

式 (3.70) と式 (3.71) から $X_2(s)$ を消去すると，

$$(M_1 s^2 + K_1) X_1(s) = \frac{K_1^2}{M_2 s^2 + K_1 + K_2} X_1(s) + F(s)$$

$$\frac{(M_1 s^2 + K_1)(M_2 s^2 + K_1 + K_2) - K_1^2}{M_2 s^2 + K_1 + K_2} X_1(s) = F(s)$$

$$\therefore \frac{M_1 M_2 s^4 + (M_1 K_1 + M_1 K_2 + M_2 K_1) s^2 + K_1 K_2}{M_2 s^2 + K_1 + K_2} X_1(s) = F(s) \tag{3.72}$$

となるから，外力 $f(t)$ を入力信号，変位 $x_1(t)$ を出力信号とするときの伝達関数は，次式である．

$$\frac{X_1(s)}{F(s)} = \frac{M_2 s^2 + K_1 + K_2}{M_1 M_2 s^4 + (M_1 K_1 + M_1 K_2 + M_2 K_1)s^2 + K_1 K_2} \tag{3.73}$$

つぎに，式 (3.70) と式 (3.71) から $X_1(s)$ を消去しよう．

$$\frac{(M_1 s^2 + K_1)(M_2 s^2 + K_1 + K_2)}{K_1} X_2(s) = K_1 X_2(s) + F(s)$$

$$\frac{(M_1 s^2 + K_1)(M_2 s^2 + K_1 + K_2) - K_1{}^2}{K_1} X_2(s) = F(s)$$

$$\therefore \; \frac{M_1 M_2 s^4 + (M_1 K_1 + M_1 K_2 + M_2 K_1)s^2 + K_1 K_2}{K_1} X_2(s) = F(s) \tag{3.74}$$

となるから，外力 $f(t)$ を入力信号，変位 $x_2(t)$ を出力信号とするときの伝達関数はつぎのとおりである．

$$\frac{X_2(s)}{F(s)} = \frac{K_1}{M_1 M_2 s^4 + (M_1 K_1 + M_1 K_2 + M_2 K_1)s^2 + K_1 K_2} \tag{3.75}\blacktriangleleft$$

第4章

ブロック線図

基本 ブロック線図は信号伝達の系統図である．基本要素を図 4.1 に示す．

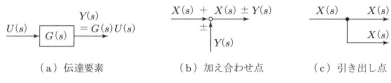

(a) 伝達要素 　　　(b) 加え合わせ点 　　　(c) 引き出し点

図 4.1　ブロック線図の基本要素

図 4.1 (a) に示すように，伝達要素は四角のブロックで表し，信号の伝達は矢印を
つけた線分で表す．また，図 4.1 (b), (c) に示すように，信号の加減算は加え合わせ
点，信号の分岐は引き出し点を用いる．引き出し点では，分岐後の各分岐に分岐前
と同じ信号が伝達される．エネルギーや物質の流れのように分流・分配されるので
はない．

着目する信号間の関係を知るために，ブロック線図を等価変換して扱いやすくす
る．よく用いる等価変換を表 4.1 にまとめる．

等価変換は，式を用いると容易に理解できる．たとえば，加え合わせ点の移動 2
を考えてみよう．まず，変換前の信号の関係を式で表すとつぎのようになる．

$$Z = GX \pm Y \tag{4.1}$$

また，変換後の信号の関係は

$$Z = G\left(X \pm \frac{Y}{G}\right) \tag{4.2}$$

である．式 (4.2) の括弧を外すと式 (4.1) になることがわかる．

表 4.1　ブロック線図の等価変換

種類	変換前	変換後
順序変更	$U \to G_1 \to G_2 \to Y$	$U \to G_2 \to G_1 \to Y$
直列結合	$U \to G_1 \to G_2 \to Y$	$U \to G_1 G_2 \to Y$
並列結合	U が G_1 と G_2 に分岐し、$\pm$ で加え合わせ $\to Y$	$U \to G_1 \pm G_2 \to Y$
加え合わせ点の移動 1	X と Y を $\pm$ で加え合わせ点 $\to G \to Z$	$X \to G$、$Y \to G$ を $\pm$ で加え合わせ $\to Z$
加え合わせ点の移動 2	$X \to G$、Y を $\pm$ で加え合わせ $\to Z$	X と $Y \to \dfrac{1}{G}$ を $\pm$ で加え合わせ $\to G \to Z$
引き出し点の移動 1	$U \to G \to Y$、引き出し $\to U$	$U \to G \to Y$、$\dfrac{1}{G} \to U$
引き出し点の移動 2	$U \to G \to Y$、引き出し $\to Y$	$U \to G \to Y$、$U \to G \to Y$
信号の向きの反転 1	$U \to G \to Y$	$U \leftarrow \dfrac{1}{G} \leftarrow Y$
信号の向きの反転 2	X と Y を $\pm$ で加え合わせ $\to Z$	$X \leftarrow$、$\mp Y$ $\leftarrow Z$
フィードバック結合 1	$R \xrightarrow{\pm} E \to G \to Y$、$H$ で帰還	$R \to \dfrac{G}{1 \pm GH} \to Y$
フィードバック結合 2	$R \xrightarrow{\pm} E \to G \to Y$、$H$ で帰還	$R \to \dfrac{1}{1 \pm GH} \to E$

4.1 ⬚ 入力信号から出力信号までのブロック線図を作成する

演習 4.1 ▷ *RC* 回路のブロック線図
図 4.2 に示す電気回路において，電圧 $v_i(t)$ を入力信号，電圧 $v_o(t)$ を出力信号とするときのブロック線図を求めよ．また，このブロック線図を等価変換によって一つのブロックに簡単化せよ．

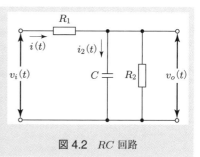

図 4.2 *RC* 回路

解 端子電圧 $v_i(t) - v_o(t)$ の抵抗 R_1 に流れる電流が $i_1(t)$ であるから，

$$i_1(t) = \frac{v_i(t) - v_o(t)}{R_1} \tag{4.3}$$

が成り立っている．また，コンデンサ C の端子電圧は $v_o(t)$ なので，コンデンサに流れる電流 $i_2(t)$ は，次式のように表すことができる．

$$i_2(t) = C\frac{dv_o(t)}{dt} \tag{4.4}$$

コンデンサ C と抵抗 R_2 は並列に接続されていることから，抵抗 R_2 の端子電圧も $v_o(t)$ である．この抵抗には $i_1(t) - i_2(t)$ の電流が流れる．したがって，次式が成り立つ．

$$v_o(t) = R_2\{i_1(t) - i_2(t)\} \tag{4.5}$$

以上が，図 4.2 に示す電気回路の動特性を表す式である．

すべての変数の初期値をゼロとおいて，式 (4.3)〜(4.5) をラプラス変換すると，つぎのようになる．

$$I_1(s) = \frac{V_i(s) - V_o(t)}{R_1} \tag{4.6}$$

$$I_2(s) = CsV_o(s) \tag{4.7}$$

$$V_o(s) = R_2\{I_1(s) - I_2(s)\} \tag{4.8}$$

式 (4.6)〜(4.8) をブロック線図で表すと，それぞれ図 4.3 (a)〜(c) となる．

図 4.3 に示す三つのブロック線図をつなぐことで，入力信号を $V_i(s)$，出力信号を $V_o(s)$ とするブロック線図は図 4.4 に示すようになる．

図 4.4 のブロック線図を等価変換によって簡単化しよう．まず，内側のフィードバック結合を等価変換すると図 4.5 (a) となる．二つのブロックは直列結合なのでこれを等価変換して図 4.5 (b) となる．

最後にもう一度，フィードバック結合を等価変換することで，図 4.6 となる．

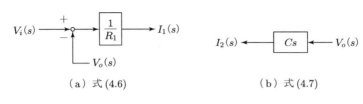

(a) 式 (4.6)　　　　　　　　(b) 式 (4.7)

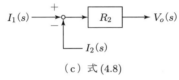

(c) 式 (4.8)

図 4.3　式 (4.6)〜(4.8) のブロック線図

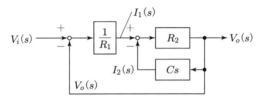

図 4.4　RC 回路のブロック線図

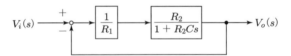

(a) 内側のフィードバック結合の等価変換

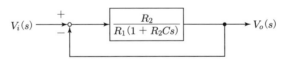

(b) 直列結合の等価変換

図 4.5　図 4.4 を等価変換したブロック線図

$$\frac{R_2}{R_1 + R_2 + R_1 R_2 Cs}$$

$V_i(s) \longrightarrow \boxed{\dfrac{R_2}{R_1 + R_2 + R_1 R_2 Cs}} \longrightarrow V_o(s)$

図 4.6　最終的なブロック線図

解説

　図 4.6 から，入力信号を $V_i(s)$，出力信号を $V_o(s)$ とする伝達関数は 1 次遅れ系であるとわかる．しかし，このままの形では，ゲインと時定数がよくわからない．そこで，つぎのように変形する．

$$\frac{R_2}{R_1 + R_2 + R_1 R_2 Cs} = \frac{\dfrac{R_2}{R_1 + R_2}}{1 + \dfrac{R_2}{R_1 + R_2} R_1 Cs} = \frac{k}{1 + kTs} \tag{4.9}$$

ただし，$k = \dfrac{R_2}{R_1 + R_2}$，$T = R_1 C$ である．

演習 4.2 ▷ *RLC* 回路のブロック線図

　図 4.7 に示す電気回路において，電圧 $v_i(t)$ を入力信号，電圧 $v_o(t)$ を出力信号とするときのブロック線図を求めよ．また，このブロック線図を等価変換によって一つのブロックに簡単化せよ．

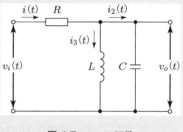

図 4.7　*RLC* 回路

解　端子電圧 $v_i(t) - v_o(t)$ の抵抗 R に流れる電流が $i_1(t)$ であるから，

$$i_1(t) = \frac{v_i(t) - v_o(t)}{R} \tag{4.10}$$

が成り立つ．電流 $i_1(t)$ は分流して $i_2(t)$ と $i_3(t)$ になる．

$$i_1(t) = i_2(t) + i_3(t) \tag{4.11}$$

コンデンサ C に流れる電流 $i_2(t)$ と端子電圧 $v_o(t)$ には，次式が成り立つ．

$$v_o(t) = \frac{1}{C} \int_0^t i_2(\tau)d\tau \tag{4.12}$$

また，コイル L における電流と電圧の関係式は

$$v_o(\mathrm{t}) = L\frac{di_3(t)}{dt} \tag{4.13}$$

である．以上が，図 4.7 に示す電気回路の動特性を表す式である．

　すべての変数の初期値をゼロとして，式 (4.10)〜(4.13) をラプラス変換する．

$$I_1(s) = \frac{V_i(s) - V_o(s)}{R} \tag{4.14}$$

$$I_1(s) = I_2(s) + I_3(s) \tag{4.15}$$

$$V_o(s) = \frac{1}{Cs}I_2(s) \tag{4.16}$$

$$V_o(s) = Ls I_3(s) \tag{4.17}$$

式 (4.14)〜(4.17) をブロック線図で表すと，それぞれ，図 4.8 の (a)〜(d) となる.

ここで，図 4.8 (c) において，信号の向きを逆にしておく（図 4.9）.

図 4.8 と図 4.9 に示すブロック線図をつなぐことで，入力信号を $V_i(s)$，出力信号を $V_o(s)$ とするブロック線図は図 4.10 に示すようになる.

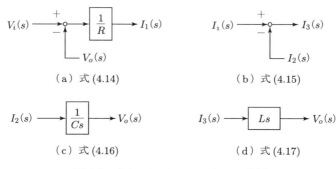

（a）式 (4.14) 　　　　　　　　　（b）式 (4.15)

（c）式 (4.16) 　　　　　　　　　（d）式 (4.17)

図 4.8　式 (4.14)〜(4.17) のブロック線図

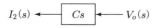

図 4.9　図 4.8 (c) を反転させたブロック線図

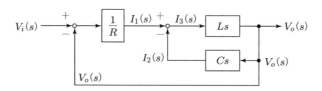

図 4.10　RLC 回路のブロック線図

図 4.10 のブロック線図を等価変換によって簡単化しよう．内側のフィードバック結合の等価変換（図 4.11 (a)），直列結合の等価変換（図 4.11 (b)），フィードバック結合の等価変換（図 4.11 (c)）を順に施すことで，一つのブロックで表すことができる.

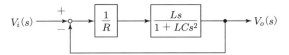

（ａ）内側のフィードバック結合の等価変換

（ｂ）直列結合の等価変換

$$V_i(s) \longrightarrow \boxed{\dfrac{Ls}{R + Ls + RLCs^2}} \longrightarrow V_o(s)$$

（ｃ）フィードバック結合の等価変換

図 4.11 図 4.10 を等価変換したブロック線図

演習 4.3 ▷ RC 直列回路のブロック線図

図 3.1（再掲）に示す電気回路において，入力電圧 $v_i(t)$ から出力電圧 $v_o(t)$ までのブロック線図を求めよ．また，このブロック線図を等価変換によって一つのブロックに簡単化せよ．

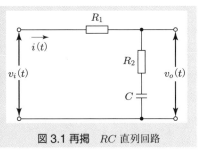

図 3.1 再掲 RC 直列回路

解 図 3.1 に示す電気回路の動特性は，演習 3.4 においてつぎのように求められている．

$$V_i(s) = R_1 I(s) + V_o(s) \tag{3.26 再掲}$$

$$V_o(s) = R_2 I(s) + \frac{1}{Cs} I(s) = \left(R_2 + \frac{1}{Cs} \right) I(s) \tag{3.27 再掲}$$

式 (3.26) と式 (3.27) をブロック線図で表すと，図 4.12 となる．

図 4.12 に示す二つのブロック線図をつなぐことで，入力信号を $V_i(s)$，出力信号を $V_o(s)$

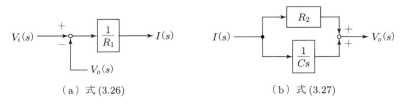

（ａ）式 (3.26)　　　　　　　　　（ｂ）式 (3.27)

図 4.12 式 (3.26) と式 (3.27) のブロック線図

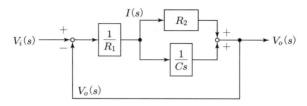

図 4.13　*RC* 直列回路のブロック線図

とするブロック線図は図 4.13 に示すようになる.

図 4.13 のブロック線図を等価変換によって簡単化しよう. 並列結合の等価変換 (図 4.14 (a)), 直列結合とフィードバック結合の等価変換 (図 4.14 (b)) を施すことによって, 一つのブロックにできる.

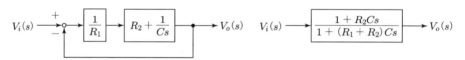

(a) 並列結合の等価変換　　　(b) 直列結合とフィードバック結合の等価変換

図 4.14　図 4.13 を等価変換したブロック線図

図 4.14 (b)のブロックの中の伝達関数は, 演習 3.4 で求めた伝達関数

$$\frac{V_o(s)}{V_i(s)} = \frac{1 + R_2 Cs}{1 + (R_1 + R_2)Cs}$$ (3.29 再掲)

に一致している.　◀

演習 4.4 ▷ *RC* 直列並列回路のブロック線図 1

図 3.2 (再掲) に示す電気回路において, 入力電圧 $v_i(t)$ から出力電圧 $v_o(t)$ までのブロック線図を求めよ. また, このブロック線図を等価変換によって一つのブロックに簡単化せよ.

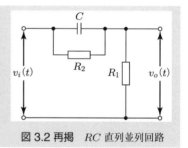

図 3.2 再掲　*RC* 直列並列回路

解　電流と電圧を図 3.3 (再掲) に示すように定義したうえで, 演習 3.5 において電気回路の動特性はつぎのように求められている.

$$I(s) = I_1(s) + I_2(s)$$ (3.35 再掲)

$$I_1(s) = \frac{V_c(s)}{R_2}$$ (3.36 再掲)

$$I_2(t) = CsV_c(s)$$ (3.37 再掲)

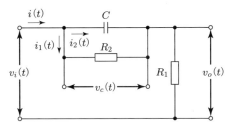

図 3.3 再掲 図 3.2 の電流と電圧

$$V_o(s) = R_1 I(s) \qquad\qquad\qquad (3.38 \text{ 再掲})$$

$$V_i(s) = V_c(s) + V_o(s) \qquad\qquad\qquad (3.39 \text{ 再掲})$$

式 (3.39) のブロック線図（図 4.15 (a)），式 (3.36) と式 (3.37) のブロック線図（図 4.15 (b)），式 (3.35) のブロック線図（図 4.15 (c)），式 (3.38) のブロック線図（図 4.15 (d)）をつなぐことで，図 4.16 を得る．

図 4.16 のブロック線図を等価変換によって簡単化しよう．並列結合の等価変換（図 4.17 (a)），直列結合の等価変換（図 4.17 (b)）とフィードバック結合の等価変換（図 4.17 (c)）によって，一つのブロックにできる．

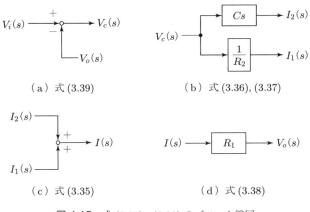

（ a ）式 (3.39) 　　　　（ b ）式 (3.36), (3.37)

（ c ）式 (3.35) 　　　　（ d ）式 (3.38)

図 4.15 式 (3.35)〜(3.39) のブロック線図

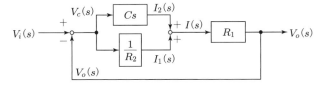

図 4.16 RC 直列並列回路のブロック線図

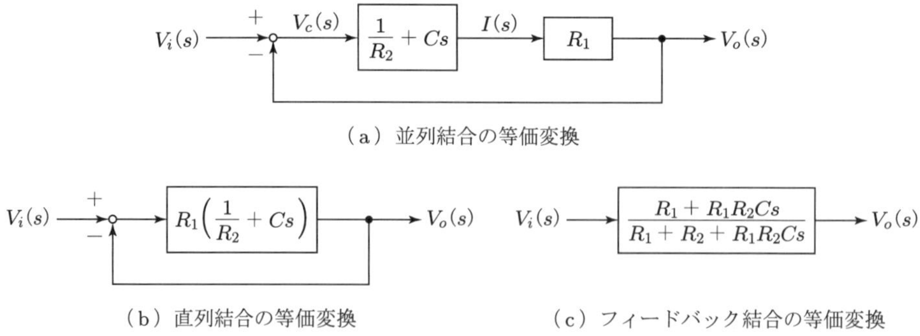

$$V_i(s) \longrightarrow \overset{+}{\underset{-}{\bigcirc}} \xrightarrow{V_c(s)} \boxed{\dfrac{1}{R_2} + Cs} \xrightarrow{I(s)} \boxed{R_1} \longrightarrow V_o(s)$$

（a）並列結合の等価変換

$$V_i(s) \longrightarrow \overset{+}{\underset{-}{\bigcirc}} \longrightarrow \boxed{R_1\left(\dfrac{1}{R_2} + Cs\right)} \longrightarrow V_o(s)$$

（b）直列結合の等価変換

$$V_i(s) \longrightarrow \boxed{\dfrac{R_1 + R_1 R_2 Cs}{R_1 + R_2 + R_1 R_2 Cs}} \longrightarrow V_o(s)$$

（c）フィードバック結合の等価変換

図 4.17　図 4.16 を等価変換したブロック線図

図 4.17 (c)のブロックの中の伝達関数は，演習 3.5 で求めた伝達関数

$$\frac{V_o(s)}{V_i(s)} = \frac{R_1 + R_1 R_2 Cs}{R_1 + R_2 + R_1 R_2 Cs} \qquad (3.43\ 再掲)$$

に一致している. ◀

演習 4.5 ▷ RC 直列並列回路のブロック線図 2

図 3.4（再掲）に示す電気回路において，入力
電圧 $v_i(t)$ から出力電圧 $v_o(t)$ までのブロック
線図を求めよ．また，このブロック線図を等
価変換によって一つのブロックに簡単化せよ.

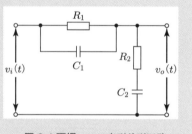

図 3.4 再掲　RC 直列並列回路

解　電流と電圧を図 3.5（再掲）に示すように
定義したうえで，演習 3.6 において電気回路の
動特性はつぎのように求められている.

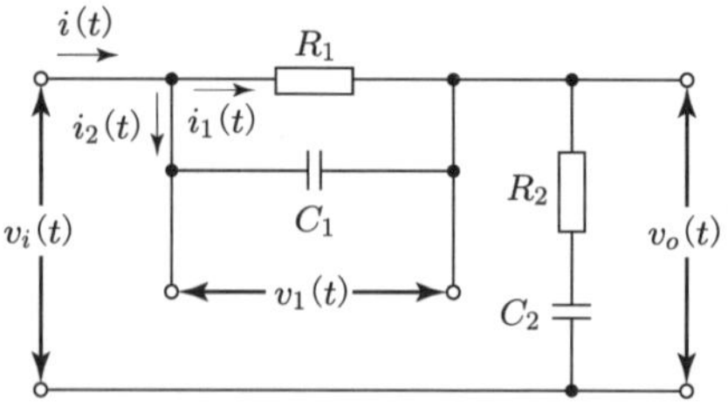

$$I(s) = I_1(s) + I_2(s) \qquad (3.49\ 再掲)$$

$$I_1(s) = \frac{V_1(s)}{R_1} \qquad (3.50\ 再掲)$$

$$I_2(s) = C_1 s V_1(s) \qquad (3.51\ 再掲)$$

$$V_i(s) = V_1(s) + V_o(s) \qquad (3.52\ 再掲)$$

$$V_o(s) = R_2 I(s) + \frac{1}{C_2 s} I(s) \qquad (3.53\ 再掲)$$

図 3.5 再掲　図 3.4 の電流と電圧

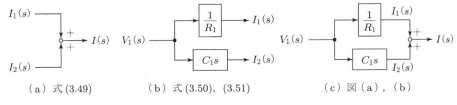

図 4.18 式 (3.49)〜(3.51) のブロック線図

式 (3.49) のブロック線図（図 4.18 (a)）と，式 (3.50) と式 (3.51) のブロック線図（図 4.18 (b)）をつないで，図 4.18 (c) となる.

式 (3.52) のブロック線図と式 (3.53) のブロック線図は，それぞれ図 4.19 (a), (b) となる.

図 4.18 (c) と図 4.19 (a), (b) のブロック線図をつなぐことで，入力信号を $V_i(s)$, 出力信号を $V_o(s)$ とするブロック線図は図 4.20 に示すようになる.

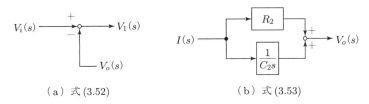

図 4.19 式 (3.52) と式 (3.53) のブロック線図

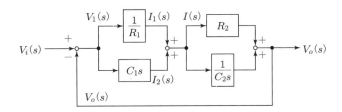

図 4.20 RC 直列並列回路のブロック線図

図 4.20 のブロック線図を等価変換によって簡単化しよう．並列結合の等価変換（図 4.21 (a)），直列結合の等価変換（図 4.21 (b)）とフィードバック結合の等価変換（図 4.21 (c)）によって，一つのブロックにできる.

図 4.21 (c) のブロックの中の伝達関数は，演習 3.6 で求めた伝達関数

$$\frac{V_o(s)}{V_i(s)} = \frac{1 + (R_1 C_1 + R_2 C_2)s + R_1 R_2 C_1 C_2 s^2}{1 + (R_1 C_1 + R_1 C_2 + R_2 C_2)s + R_1 R_2 C_1 C_2 s^2} \qquad \text{(3.57 再掲)}$$

に一致している.

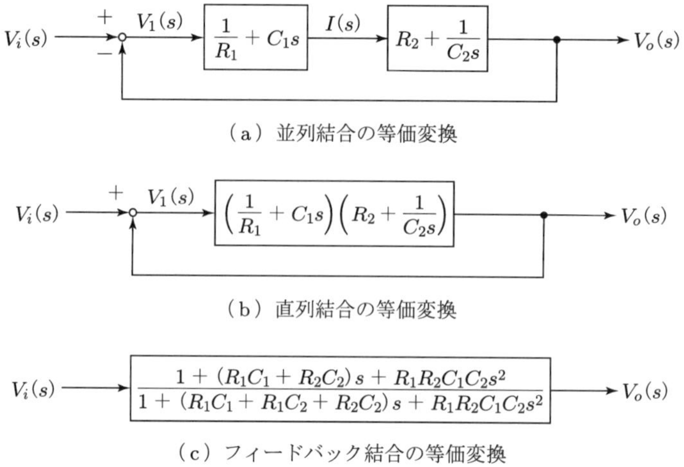

$V_i(s)$
+
−
$V_1(s)$
$\frac{1}{R_1}+C_1s$
$I(s)$
$R_2+\frac{1}{C_2s}$
$V_o(s)$
（a）並列結合の等価変換
$V_i(s)$
+
$V_1(s)$
$\left(\frac{1}{R_1}+C_1s\right)\left(R_2+\frac{1}{C_2s}\right)$
$V_o(s)$
（b）直列結合の等価変換
$V_i(s)$
$\frac{1+(R_1C_1+R_2C_2)s+R_1R_2C_1C_2s^2}{1+(R_1C_1+R_1C_2+R_2C_2)s+R_1R_2C_1C_2s^2}$
$V_o(s)$
（c）フィードバック結合の等価変換

図 4.21　図 4.20 を等価変換したブロック線図

演習 4.6 ▷ 界磁制御直流電動機のブロック線図

図 1.2（再掲）に示す直流電動機において，界磁電圧 $v_f(t)$ を入力信号，電機子軸の回転角 $\theta(t)$ を出力信号とするときのブロック線図を求めよ．また，このブロック線図を等価変換によって一つのブロックに簡単化せよ．

R_f
$i_f(t)$
$v_f(t)$
L_f
R_a
$i_a(t)$
一定電流
$\tau(t)$
$\theta(t)$
負荷 J，D

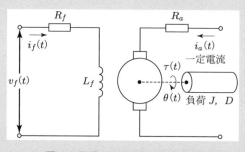

図 1.2 再掲　界磁制御直流電動機

解　電動機の運動方程式は，演習 1.1 において，つぎのように求められている．

$$R_f i_f(t) + L_f \frac{di_f(t)}{dt} = v_f(t) \tag{1.1 再掲}$$

$$\tau(t) = K_\tau\, i_f(t) \tag{1.2 再掲}$$

$$\tau(t) = J\frac{d^2\theta(t)}{dt^2} + D\frac{d\theta(t)}{dt} \tag{1.3 再掲}$$

すべての初期値をゼロとおいて，式 (1.1)〜(1.3) をラプラス変換する．

$$R_f I_f(s) + L_f s I_f(s) = V_f(s) \tag{4.18}$$

$$T(s) = K_\tau I_f(s) \tag{4.19}$$

$$T(s) = Js^2\theta(s) + Ds\theta(s) \tag{4.20}$$

まず,式 (4.18) のブロック線図は図 4.22 (a)となる.図 4.22 (a)の並列結合を等価変換した (図 4.22 (b)) うえで,信号の向きを逆にすると図 4.22 (c)となる.

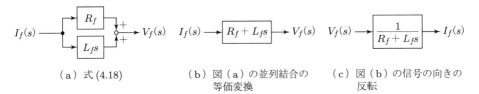

(a) 式 (4.18)　　　　　(b) 図 (a) の並列結合の　　　(c) 図 (b) の信号の向きの
　　　　　　　　　　　　　　　等価変換　　　　　　　　　　　反転

図 4.22　式 (4.18) のブロック線図

式 (4.19) のブロック線図は,図 4.23 (a)となる.また,式 (4.20) のブロック線図は,出力を $\theta(s)$ にしたいので,式 (4.20) をつぎのように書き直す.

$$\theta(s) = \frac{1}{Js^2}\{T(s) - Ds\theta(s)\} \tag{4.21}$$

上式のブロック線図は,図 4.23 (b)となる.

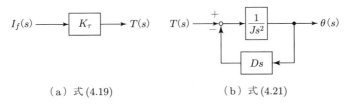

(a) 式 (4.19)　　　　　　　　　(b) 式 (4.21)

図 4.23　式 (4.19) と式 (4.21) のブロック線図

図 4.22 (c),4.23 (a),(b)のブロック線図をつなぐことで,直流電動機において界磁電圧 $v_f(t)$ を入力信号,電機子軸の回転角 $\theta(t)$ を出力信号とするときのブロック線図は,図 4.24 のようになる.

図 4.24 のブロック線図を等価変換によって簡単化しよう.フィードバック結合の等価変換

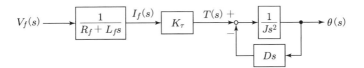

図 4.24　界磁制御直流電動機のブロック線図

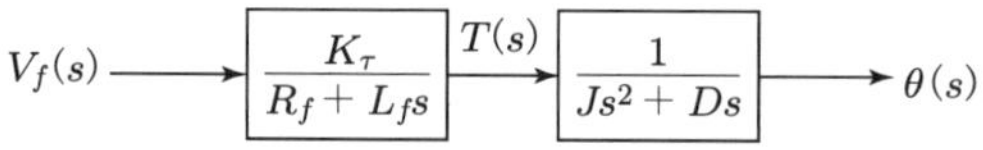

$$V_f(s) \longrightarrow \boxed{\dfrac{K_\tau}{R_f + L_f s}} \xrightarrow{T(s)} \boxed{\dfrac{1}{Js^2 + Ds}} \longrightarrow \theta(s)$$

（a）フィードバック結合の等価変換

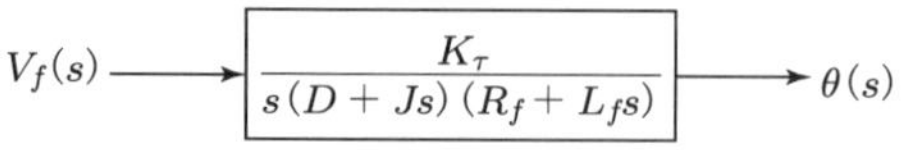

$$V_f(s) \longrightarrow \boxed{\dfrac{K_\tau}{s\,(D + Js)\,(R_f + L_f s)}} \longrightarrow \theta(s)$$

（b）直列結合の等価変換

図 4.25 図 4.24 を等価変換したブロック線図

（図 4.25（a））と直列結合の等価変換（図 4.25（b））を施すことによって，一つのブロックにできる.

図 4.25（b）のブロックの中の伝達関数は，演習 3.1 で求めた伝達関数

$$\frac{\theta(s)}{V_f(s)} = \frac{K_m}{s(1 + T_m s)(1 + T_f s)} \tag{3.11 再掲}$$

ただし，

$$K_m = \frac{K_\tau}{D R_f}, \qquad T_m = \frac{J}{D}, \qquad T_f = \frac{L_f}{R_f} \tag{3.12 再掲}$$

に一致している. ◀

演習 4.7 ▷ 電機子制御直流電動機のブロック線図

図 1.3（再掲）に示す直流電動機において，電機子電圧 $v_a(t)$ を入力信号，電機子軸の回転角 $\theta(t)$ を出力信号とするときのブロック線図を求めよ．また，このブロック線図を等価変換によって一つのブロックに簡単化せよ．

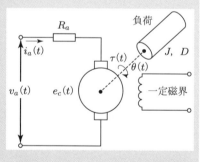

図 1.3 再掲 電機子制御直流電動機

解 電動機の運動方程式は，演習 1.2 において，つぎのように求められている.

$$R_a i_a(t) + e_c(t) = v_a(t) \tag{1.5 再掲}$$

$$e_c(t) = K_v \frac{d\theta(t)}{dt} \tag{1.6 再掲}$$

$$\tau(t) = K_\tau i_a(t) \tag{1.7 再掲}$$

$$\tau(t) = J\frac{d^2\theta(t)}{dt^2} + D\frac{d\theta(t)}{dt} \qquad\qquad (1.3\,\text{再掲})$$

すべての初期値をゼロとおいてこれらの式をラプラス変換すると，つぎのようになる．

$$R_a I_a(s) + E_c(s) = V_a(s) \qquad\qquad\qquad\qquad (4.22)$$

$$E_c(s) = K_v s\,\theta(s) \qquad\qquad\qquad\qquad\qquad (4.23)$$

$$T(s) = K_\tau I_a(s) \qquad\qquad\qquad\qquad\qquad (4.24)$$

$$T(s) = Js^2\theta(s) + Ds\theta(s) \qquad\qquad\qquad (4.25)$$

まず，式 (4.22) のブロック線図は，出力を $I_a(s)$ にしたいので，

$$I_a(s) = \frac{1}{R_a}\{V_a(s) - E_c(s)\} \qquad (4.26)$$

と書き直す．この式のブロック線図は図 4.26 となる．

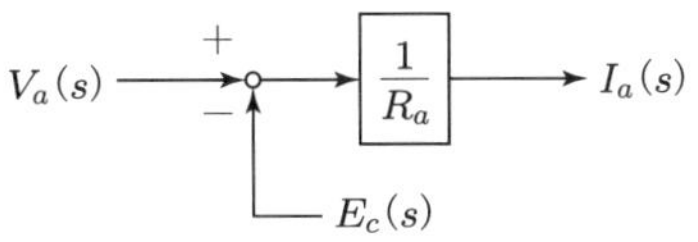

図 4.26 式 (4.26) のブロック線図

また，式 (4.23) と式 (4.24) のブロック線図は，それぞれ図 4.27 (a)，(b) となる．

（a）式 (4.23)　　　　　（b）式 (4.24)

図 4.27 式 (4.23) と式 (4.24) のブロック線図

最後に，式 (4.25) については，

$$\theta(s) = \frac{1}{Js^2}\{T(s) - Ds\theta(s)\} \qquad (4.27)$$

と式変形してからブロック線図を作成して，図 4.28 を得る．

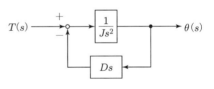

図 4.28 式 (4.27) のブロック線図

図 4.26〜4.28 に示す四つのブロック線図をつなぐことで，電機子電圧 $v_a(t)$ を入力信号，電機子軸の回転角 $\theta(t)$ を出力信号とするときのブロック線図は，図 4.29 のようになる．

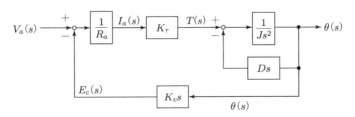

図 4.29 電機子制御直流電動機のブロック線図

　図 4.29 のブロック線図を等価変換によって簡単化しよう．フィードバック結合の等価変換と直列結合の等価変換によって，図 4.30 となる．もう一度，直列結合の等価変換によって，図 4.31 となる．フィードバック結合の等価変換を行うと図 4.32 となり，そのときの計算はつぎのようになる．

$$\frac{\theta(s)}{V_a(s)} = \frac{\dfrac{K_\tau}{R_a(Js^2 + Ds)}}{1 + \dfrac{K_v K_\tau s}{R_a(Js^2 + Ds)}} = \frac{K_\tau}{K_v K_\tau s + R_a(Js^2 + Ds)}$$

$$= \frac{K_\tau}{(K_v K_\tau + DR_a)s + JR_a s^2} \tag{4.28}$$

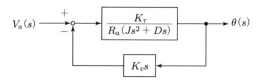

図 4.30　等価変換後のブロック線図

図 4.31　直列結合の等価変換をしたブロック線図

図 4.32　フィードバック結合の等価変換をしたブロック線図

上式は，つぎのように書き直すことができる．

$$\frac{\theta(s)}{V_a(s)} = \frac{K_\tau}{(K_v K_\tau + DR_a)s + JR_a s^2} = \frac{\dfrac{K_\tau}{K_v K_\tau + DR_a}}{s\left(1 + \dfrac{JR_a}{K_v K_\tau + DR_a}s\right)} = \frac{K_m}{s(1 + T_m s)} \tag{4.29}$$

ここで，

$$\left.\begin{array}{l} K_m = \dfrac{K_\tau}{K_v K_\tau + DR_a} \\[3mm] T_m = \dfrac{JR_a}{K_v K_\tau + DR_a} \end{array}\right\} \tag{4.30}$$

図 4.33　式 (4.29) のブロック線図

である. 式 (4.29) のブロック線図は図 4.33 となる.

図 4.33 のブロックの中の伝達関数は, 演習 3.2 で求めた伝達関数の式 (3.17), (3.18) に一致している. ◀

演習 4.8 ▷ 機械振動系のブロック線図 1

図 3.6 (再掲) に示す機械振動系において, 変位 $x_1(t)$ を入力信号, 変位 $x_2(t)$, 変位 $x_3(t)$ を出力信号とするときのブロック線図を求めよ. また, このブロック線図を等価変換によって一つのブロックに簡単化せよ.

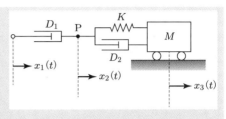

図 3.6 再掲 機械振動系 1

解 図 3.6 に示す機械振動系の運動方程式は, 演習 3.7 においてつぎのように求められている.

$$D_1\{sX_1(s) - sX_2(s)\} = K\{X_2(s) - X_3(s)\} + D_2\{sX_2(s) - sX_3(s)\} \quad \text{(3.60 再掲)}$$

$$Ms^2X_3(s) = K\{X_2(s) - X_3(s)\} + D_2\{sX_2(s) - sX_3(s)\} \quad \text{(3.61 再掲)}$$

まず, 式 (3.60) について考えよう. 式 (3.60) はつぎのように変形できる.

$$D_1s\{X_1(s) - X_2(s)\} = (K + D_2s)\{X_2(s) - X_3(s)\}$$

$$X_1(s) - X_2(s) = \frac{K + D_2s}{D_1s}\{X_2(s) - X_3(s)\}$$

$$\therefore\ X_2(s) = X_1(s) - \frac{K + D_2s}{D_1s}\{X_2(s) - X_3(s)\} \quad (4.31)$$

上式のブロック線図は, 図 4.34 のようになる.

つぎに, 式 (3.61) は,

$$X_3(s) = \frac{K + D_2s}{Ms^2}\{X_2(s) - X_3(s)\} \quad (4.32)$$

と変形できるから, ブロック線図は, 図 4.35 のようになる.

図 4.34 と図 4.35 に示す二つのブロック線図をつなぎ合わせることで, 図 3.6 に示す機械

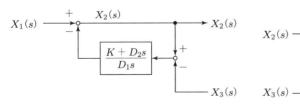

図 4.34 式 (4.31) のブロック線図

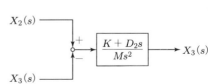

図 4.35 式 (4.32) のブロック線図

振動系において，変位 $x_1(t)$ を入力信号，変位 $x_2(t)$，変位 $x_3(t)$ を出力信号とするときのブロック線図は，図 4.36 のようになる.

図 4.36 に示すブロック線図は，図 4.37 のように描き直すことができる.

図 4.37 のブロック線図において，入力を $X_1(s)$，出力を $X_2(s)$ とみなして描き直すと図 4.38 となる.

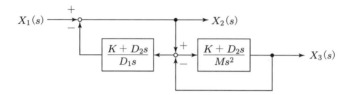

図 4.36　機械振動系 1 のブロック線図

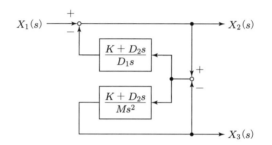

図 4.37　図 4.36 を描き直した機械振動系のブロック線図

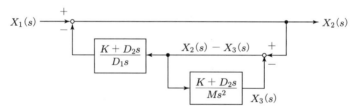

図 4.38　図 4.37 の入力を $X_1(s)$，出力を $X_2(s)$ としたブロック線図

図 4.38 のブロック線図を等価変換によって簡単化しよう．フィードバック結合の等価変換と直列結合の等価変換によって，図 4.39 (a), (b) となる．もう一度，フィードバック結合の等価変換を行うことで，ブロックを一つにできる（図 4.40）.

図 4.40 のブロックの中の伝達関数は，演習 3.7 で得た伝達関数

$$\frac{X_2(s)}{X_1(s)} = \frac{MD_1s^2 + D_1D_2s + KD_1}{M(D_1 + D_2)s^2 + (MK + D_1D_2)s + KD_1} \qquad \text{(3.65 再掲)}$$

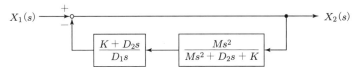

（a）フィードバック結合の等価変換

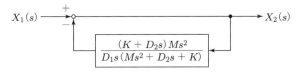

（b）直列結合の等価変換

図 4.39　図 4.38 を等価変換したブロック線図

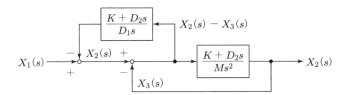

図 4.40　図 4.39 を等価変換したブロック線図

に一致している.

　つぎに，図 4.37 のブロック線図において，入力を $X_1(s)$，出力を $X_3(s)$ とみなして描き直すと図 4.41 となる．さらに，引き出し点を移動して（図 4.42 (a)），直列結合の等価変換をする（図 4.42 (b)）．もう一度，フィードバック結合の等価変換を行うことで，ブロックを一つにできる（図 4.43）.

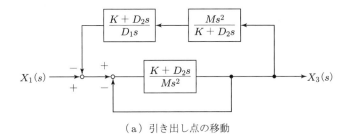

図 4.41　図 4.37 の入力を $X_1(s)$，出力を $X_3(s)$ としたブロック線図

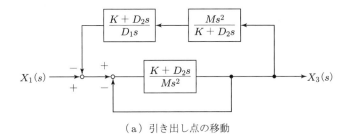

（a）引き出し点の移動

図 4.42　図 4.41 を等価変換したブロック線図

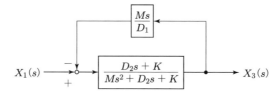

（b）直列結合の等価変換

図 4.42　図 4.41 を等価変換したブロック線図（つづき）

$$X_1(s) \longrightarrow \boxed{\frac{D_1 D_2 s + K D_1}{M(D_1 + D_2)s^2 + (MK + D_1 D_2)s + K D_1}} \longrightarrow X_3(s)$$

図 4.43　最終的なブロック線図

図 4.43 のブロックの中の伝達関数は，演習 3.7 で得た伝達関数

$$\frac{X_3(s)}{X_1(s)} = \frac{D_1 D_2 s + K D_1}{M(D_1 + D_2)s^2 + (MK + D_1 D_2)s + K D_1} \tag{3.67 再掲}$$

に一致している.　　　　　　　　　　　　　　　　　　　　　　　　　　　　◀

演習 4.9 ▷ 機械振動系のブロック線図 2

図 3.7（再掲）に示す機械振動系において，外力 $f(t)$ を入力信号，変位 $x_1(t)$，変位 $x_2(t)$ を出力信号とするときのブロック線図を求めよ. また，このブロック線図を等価変換によって一つのブロックに簡単化せよ.

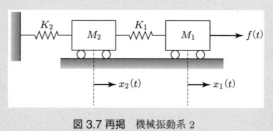

図 3.7 再掲　機械振動系 2

解　図 3.7 に示す機械振動系の運動方程式は，演習 3.8 においてつぎのように求められている.

$$M_1 s^2 X_1(s) = F(s) - K_1\{X_1(s) - X_2(s)\} \tag{3.70 再掲}$$

$$M_2 s^2 X_2(s) = K_1\{X_1(s) - X_2(s)\} - K_2 X_2(s) \tag{3.71 再掲}$$

まず，式 (3.70) をつぎのように書き換える.

$$X_1(s) = \frac{1}{M_1 s^2}[F(s) - K_1\{X_1(s) - X_2(s)\}] \tag{4.33}$$

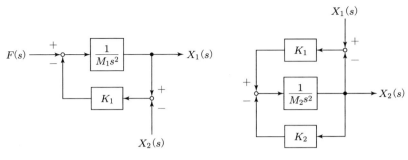

図 4.44 式 (4.33) のブロック線図   図 4.45 式 (4.34) のブロック線図

上式のブロック線図は，図 4.44 となる.

また，式 (3.71) は

$$X_2(s) = \frac{1}{M_2 s^2}[K_1\{X_1(s) - X_2(s)\} - K_2 X_2(s)] \tag{4.34}$$

と書くことができるので，ブロック線図は図 4.45 となる.

図 4.44 と図 4.45 に示す二つのブロック線図をつなぐことで，図 3.7 に示す機械振動系において，外力 $f(t)$ を入力信号，変位 $x_1(t)$，変位 $x_2(t)$ を出力信号とするときのブロック線図は，図 4.46 に示すようになる.

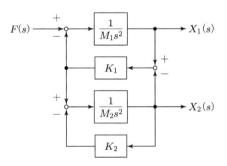

図 4.46 機械振動系 2 のブロック線図

さて，図 4.46 のブロック線図において，入力を $F(s)$，出力を $X_1(s)$ とみなして描き直すと図 4.47 となる.

図 4.47 のブロック線図を等価変換によって簡単化しよう. フィードバック結合の等価変換を外側から順番に 3 回適用することで，図 4.48 (a)～(c) となる.

図 4.48 (c) のブロックの中の伝達関数は，演習 3.8 で得た伝達関数

$$\frac{X_1(s)}{F(s)} = \frac{M_2 s^2 + K_1 + K_2}{M_1 M_2 s^4 + (M_1 K_1 + M_1 K_2 + M_2 K_1)s^2 + K_1 K_2} \tag{3.73 再掲}$$

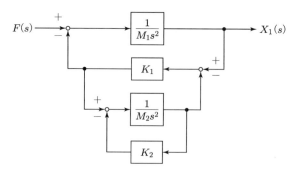

図 4.47　図 4.46 の入力を $F(s)$，出力を $X_1(s)$ としたブロック線図

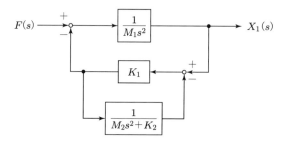

（a）フィードバック結合の等価変換 1

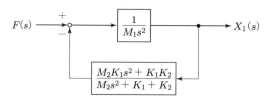

（b）フィードバック結合の等価変換 2

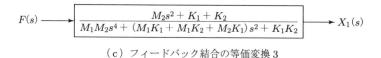

（c）フィードバック結合の等価変換 3

図 4.48　図 4.47 を等価変換したブロック線図

に一致している．

　続いて，図 4.46 のブロック線図において，入力を $F(s)$，出力を $X_2(s)$ とみなして描き直すと図 4.49 となる．

　等価変換にあたり，まず，加え合わせ点を移動すると，図 4.50 になる．つぎに，内側にある二つのフィードバック結合を等価変換したうえで（図 4.51（a）），直列結合の等価変換を実施する（図 4.51（b））．最後にもう一度，フィードバック結合の等価変換をすれば，図 4.52 に

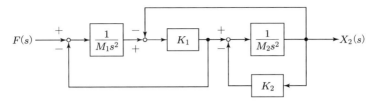

図 4.49 図 4.46 の入力を $F(s)$,出力を $X_2(s)$ とするブロック線図

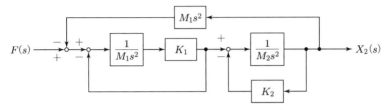

図 4.50 図 4.49 の加え合わせ点を移動させたブロック線図

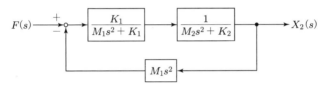

(a) 内側にある二つのフィードバック結合の等価変換

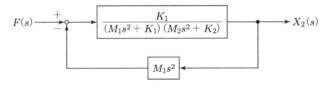

(b) 直列結合の等価変換

図 4.51 図 4.50 を等価変換したブロック線図

$$F(s) \longrightarrow \boxed{\dfrac{K_1}{M_1M_2s^4 + (M_1K_1 + M_1K_2 + M_2K_1)\,s^2 + K_1K_2}} \longrightarrow X_2(s)$$

図 4.52 最終的なブロック線図

示すように,ブロックを一つにできる.

図 4.52 のブロックの中の伝達関数は,演習 3.8 で得た伝達関数

$$\frac{X_2(s)}{F(s)} = \frac{K_1}{M_1M_2s^4 + (M_1K_1 + M_1K_2 + M_2K_1)s^2 + K_1K_2} \tag{3.75 再掲}$$

に一致している.

第5章

周波数応答

基本 システムは伝達関数 $G(s)$ で表され，相異なる安定な極 $p_1, p_2, \ldots, p_n$ をもつとする．このシステムに正弦波

$$u(t) = A\sin\omega t \tag{5.1}$$

を入力して定常状態になったとき，出力信号は

$$y_s(t) = |G(j\omega)|A\sin(\omega t + \theta), \quad \theta = \angle G(j\omega) \tag{5.2}$$

と表すことができる．

式 (5.1) の入力信号と比べると定常出力信号は，振幅が $|G(j\omega)|$ 倍になり，かつ，位相が $\angle G(j\omega)$ 進む．$|G(j\omega)|$ と $\angle G(j\omega)$ は角周波数 ω の関数であり，システム固有の関数である．この入出力関係を周波数応答という．

システムの周波数応答は，角周波数をパラメータとしてゲイン $|G(j\omega)|$ と位相 $\angle G(j\omega)$ で表現する．ここで，$G(j\omega)$ を周波数伝達関数という．いろいろな値の角周波数について正弦波入力に対する定常出力信号を測定することにより，周波数伝達関数のゲインと位相を知ることができる．また，伝達関数 $G(s)$ がわかっているときは，$s = j\omega$ を代入することで周波数伝達関数を得ることができる．

以下において，周波数伝達関数 $G(j\omega)$ を図的に表現することを考えよう．$G(j\omega)$ は複素数であるから，直交座標系の横軸を実部，縦軸を虚部にとる複素平面を用いる．角周波数 ω をゼロから正の無限大まで変化させたときに，$G(j\omega)$ をベクトルととらえ，その先端が描く軌跡をベクトル軌跡という．

5.1 ☐ パラメータを変えるときのベクトル軌跡の形状変化を知る

演習 5.1 ▷ 1 次遅れ要素のベクトル軌跡

つぎの伝達関数のベクトル軌跡を作成せよ．ただし，$K > 0, T > 0$ とする．

$$G(s) = \frac{K}{1 + Ts} \tag{5.3}$$

解 周波数伝達関数は

$$G(j\omega) = \frac{K}{1 + jT\omega} \tag{5.4}$$

なので，上式の絶対値と位相はつぎのように計算される．

$$|G(j\omega)| = \frac{K}{\sqrt{1 + (T\omega)^2}} \tag{5.5}$$

$$\theta = \angle G(j\omega) = 0 - \angle(1 + jT\omega) = -\tan^{-1} T\omega \tag{5.6}$$

たとえば，$\omega = 0\,[\text{rad/s}]$ のときは

$$|G(j0)| = \frac{K}{\sqrt{1 + 0}} = K \tag{5.7}$$

$$\theta = -\tan^{-1} 0 = 0\,[\text{deg}] \tag{5.8}$$

と計算される．$\omega = \dfrac{1}{T}\,[\text{rad/s}]$ のときは

$$\left| G\left(j\frac{1}{T}\right) \right| = \frac{K}{\sqrt{1 + 1^2}} = \frac{K}{\sqrt{2}} \qquad (5.9)$$

$$\theta = -\tan^{-1} 1 = -45\,[\text{deg}] \qquad (5.10)$$

となり，また，$\omega = \infty\,[\text{rad/s}]$ のときはつぎのようになる．

$$|G(j\infty)| = \frac{K}{\sqrt{1 + \infty}} = 0 \qquad (5.11)$$

$$\theta = -\tan^{-1} \infty = -90\,[\text{deg}] \qquad (5.12)$$

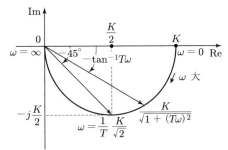

1 次遅れ要素のベクトル軌跡は，上記の 3 点をつないで図 5.1 となる．

図 **5.1** $G(j\omega) = \dfrac{K}{1 + jT\omega}$ のベクトル軌跡 1

以下において，図 5.1 に示すベクトル軌跡が半円であることを示そう．この目的のためには，式 (5.4) の周波数伝達関数を極座標形式 (5.5)，(5.6) ではなく直交座標形式で表す必要がある．
式 (5.4) は，つぎのように変形できる．

$$G(j\omega) = \frac{K}{1 + jT\omega} \cdot \frac{1 - jT\omega}{1 - jT\omega} = \frac{K(1 - jT\omega)}{1 + (T\omega)^2} = \frac{K}{1 + (T\omega)^2} - j\frac{KT\omega}{1 + (T\omega)^2} \tag{5.13}$$

上式の実部を p，虚部を q とおくと

$$p = \frac{K}{1 + (T\omega)^2} \tag{5.14}$$

$$q = \frac{-KT\omega}{1 + (T\omega)^2} \tag{5.15}$$

となる．ここで，式 (5.14) と式 (5.15) から ω を消去して p と q を一つの式で表現することを考える．まず，式 (5.14) と式 (5.15) の左辺どうし，右辺どうしを割り算することで次式を得る．

$$\frac{q}{p} = -T\omega \tag{5.16}$$

上式を式 (5.14) に代入するとつぎにようになる．

$$p = \frac{K}{1 + (T\omega)^2} = \frac{K}{1 + \left(\dfrac{q}{p}\right)^2} = \frac{Kp^2}{p^2 + q^2} \tag{5.17}$$

これにより，ω を消去して p と q をつぎの一つの式で表現できた．

$$p^2 + q^2 = Kp \tag{5.18}$$

上式は，つぎのように書くことができる．

$$\left(p - \frac{K}{2}\right)^2 + q^2 = \left(\frac{K}{2}\right)^2 \tag{5.19}$$

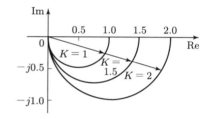

式 (5.19) は，中心が $\dfrac{K}{2} + j0$，半径が $\dfrac{K}{2}$ の円を表す方程式である．また，式 (5.14) と式 (5.15) から $\omega > 0$ のとき，$p > 0, q < 0$ となるので，円の下半分がベクトル軌跡であることがわかる．

K の値を変えたときのベクトル軌跡を図 5.2 に示す．

図 5.2 $G(j\omega) = \dfrac{K}{1 + jT\omega}$ のベクトル軌跡 2

◀

演習 5.2 ▷ 1 次進み要素のベクトル軌跡

つぎの伝達関数のベクトル軌跡を作成せよ．ただし，$K > 0, T > 0$ とする．

$$G(s) = K(1 + Ts) \tag{5.20}$$

解 周波数伝達関数は

$$G(j\omega) = K(1 + jT\omega) = K + jKT\omega \tag{5.21}$$

となる．上式の実部を p，虚部を q とおくと

$$p = K \tag{5.22}$$

$$q = KT\omega \tag{5.23}$$

である．式 (5.22) と式 (5.23) において，K と T は一定で ω のみがゼロから無限大にまで変化するとき，実部 p は一定で，虚部 q がゼロから無限大にまで変化することになる．

すなわち，図 5.3 に示すように，ベクトル軌跡は直線となる.

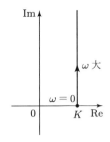

図 5.3　$G(j\omega) = K(1 + jT\omega)$ のベクトル軌跡 ◀

演習 5.3 ▷ 2 次遅れ要素のベクトル軌跡 1

つぎの伝達関数のベクトル軌跡を作成せよ. ただし，$K > 0, T_1 > 0, T_2 > 0$ とする.

$$G(s) = \frac{K}{(1 + T_1 s)(1 + T_2 s)} \tag{5.24}$$

解　周波数伝達関数は

$$G(j\omega) = \frac{K}{(1 + jT_1\omega)(1 + jT_2\omega)} \tag{5.25}$$

である. 上式の絶対値は

$$|G(j\omega)| = \frac{K}{\sqrt{1 + (T_1\omega)^2}\sqrt{1 + (T_2\omega)^2}} \tag{5.26}$$

で求められ，角周波数 ω が大きくなるにつれて単調に減少することがわかる.

また，位相は次式で計算される.

$$\theta = \angle G(j\omega) = 0 - \angle(1 + jT_1\omega) - \angle(1 + jT_2\omega) = -\tan^{-1} T_1\omega - \tan^{-1} T_2\omega \tag{5.27}$$

上式から，角周波数 ω が大きくなるにつれて位相も単調に減少することがわかる.

$\omega = 0\,[\mathrm{rad/s}]$ のときは

$$|G(j0)| = \frac{K}{\sqrt{1 + 0}\sqrt{1 + 0}} = K \tag{5.28}$$

$$\theta = -\tan^{-1} 0 - \tan^{-1} 0 = 0\,[\mathrm{deg}] \tag{5.29}$$

となる. また，$\omega = \infty\,[\mathrm{rad/s}]$ のときはつぎのようになる.

$$|G(j\infty)| = \frac{10}{\sqrt{1 + \infty}\sqrt{1 + \infty}} = 0 \tag{5.30}$$

$$\theta = -\tan^{-1} \infty - \tan^{-1} \infty = -180\,[\mathrm{deg}] \qquad (5.31)$$

ここで，式 (5.25) を直交座標形式で表そう．

$$G(j\omega) = \frac{K}{(1+jT_1\omega)(1+jT_2\omega)} = \frac{K}{1 - T_1 T_2 \omega^2 + j(T_1 + T_2)\omega} \qquad (5.32)$$

上式を有理化する必要がある．分母の共役な複素数を分母分子に掛けることでつぎのようになる．

$$G(j\omega) = \frac{K(1 - T_1 T_2 \omega^2) - jK(T_1 + T_2)\omega}{(1 - T_1 T_2 \omega^2)^2 + (T_1 + T_2)^2 \omega^2} \qquad (5.33)$$

上式から，ω がゼロから無限大にまで変化するとき，虚部はつねに負であることがわかる．また，虚軸との交点は，式 (5.33) の実部をゼロとおいて求めることができる．交点の角周波数は

$$1 - T_1 T_2 \omega^2 = 0$$

$$\therefore\ \omega_0 = \frac{1}{\sqrt{T_1 T_2}} \qquad (5.34)$$

であって，式 (5.33) はつぎのようになる．

$$G(j\omega_0) = \frac{-jK}{(T_1 + T_2)\omega_0} = -j\frac{K\sqrt{T_1 T_2}}{T_1 + T_2} \qquad (5.35)$$

以上より，所望のベクトル軌跡は図 5.4 となる．

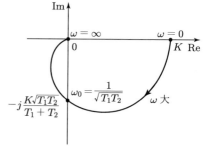

図 5.4 $G(j\omega) = \dfrac{K}{(1 + jT_1\omega)(1 + jT_2\omega)}$ のベクトル軌跡 ◀

演習 5.4 ▷ 2 次遅れ要素のベクトル軌跡 2

つぎの伝達関数のベクトル軌跡を作成せよ．

$$G(s) = \frac{10}{s(s+1)} \qquad (5.36)$$

解 周波数伝達関数は，つぎのように表すことができる．

$$G(j\omega) = \frac{10}{j\omega(j\omega + 1)} = \frac{10}{(j\omega)^2 + j\omega} \qquad (5.37)$$

まず，ω の両極限における $G(j\omega)$ の絶対値を調べる．$\omega \to +0$ では，$\omega^2 \ll \omega$ より，式 (5.37) の分母の二つ目の項だけに着目すればよい．

$$\lim_{\omega \to 0} |G(j\omega)| = \lim_{\omega \to 0} \frac{10}{\omega} = \infty \qquad (5.38)$$

また，$\omega \to \infty$ では，$\omega^2 \gg \omega$ より，式 (5.37) の分母の一つ目の項だけに着目すればよい．

$$\lim_{\omega \to \infty} |G(j\omega)| = \lim_{\omega \to \infty} \frac{10}{\omega^2} = 0 \tag{5.39}$$

位相についても同様にして，つぎのようになる．

$$\lim_{\omega \to 0} \angle G(j\omega) = \lim_{\omega \to 0} \angle \frac{10}{j\omega} = -90\,[\text{deg}] \tag{5.40}$$

$$\lim_{\omega \to \infty} \angle G(j\omega) = \lim_{\omega \to \infty} \angle \frac{10}{(j\omega)^2} = -180\,[\text{deg}] \tag{5.41}$$

これまでの考察から，以下のことがわかった．

- $\omega \to +0$ では，虚軸の負の方向に漸近して無限遠方へと向かう．
- $\omega \to \infty$ では，実軸の負の方向から原点に収束する．

続いて，ベクトル軌跡が複素平面の軸と交わる点を求めよう．もし実軸と交差するならば，その交点では $G(j\omega)$ の虚部はゼロとなる．すなわち，

$$\text{Im}[G(j\omega)] = 0 \tag{5.42}$$

である．これを調べるには，式 (5.37) を有理化する必要がある．式 (5.37) は

$$G(j\omega) = \frac{10}{(j\omega)^2 + j\omega} = \frac{10}{-\omega^2 + j\omega} \tag{5.43}$$

と書けるので，分母の共役な複素数を分母分子に掛けることでつぎのようになる．

$$G(j\omega) = \frac{10(-\omega^2 - j\omega)}{(-\omega^2 + j\omega)(-\omega^2 - j\omega)} = \frac{-10\omega^2 - j10\omega}{\omega^4 + \omega^2} \tag{5.44}$$

したがって，上式の虚部は

$$\text{Im}[G(j\omega)] = \frac{-10\omega}{\omega^4 + \omega^2} = \frac{-10}{\omega(\omega^2 + 1)} \tag{5.45}$$

であることがわかる．上式から $\text{Im}[G(j\omega)] = 0$ となるのは，$\omega = \infty$ のときに限る．すなわち，ベクトル軌跡が実軸と交わるのは $\omega = \infty$ のときのみであって，交点は，式 (5.39) から原点である．

同様に，もしベクトル軌跡が虚軸と交差するならば，その交点では $G(j\omega)$ の実部はゼロとなる．すなわち，

$$\text{Re}[G(j\omega)] = 0 \tag{5.46}$$

である．式 (5.44) から

$$\text{Re}[G(j\omega)] = \frac{-10\omega^2}{\omega^4 + \omega^2} = \frac{-10}{\omega^2 + 1} = 0 \tag{5.47}$$

となるのは，$\omega = \infty$ のときに限る．すなわち，ベクトル軌跡が虚軸と交わるのは $\omega = \infty$ のときのみであって，交点は，式 (5.39) から原点である．

したがって，ベクトル軌跡の概形は図 5.5 となる．

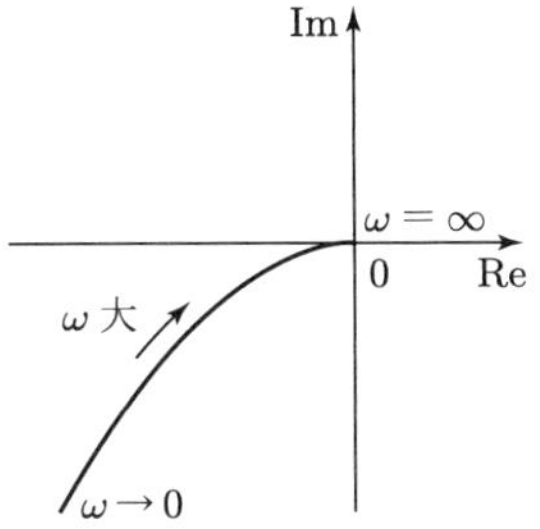

図 5.5 $G(j\omega) = \dfrac{10}{j\omega(j\omega + 1)}$ のベクトル軌跡

演習 5.5 ▷ 3 次遅れ要素のベクトル軌跡 1

つぎの伝達関数のベクトル軌跡を作成せよ.

$$G(s) = \frac{10}{s(s+1)(s+2)} \tag{5.48}$$

解　周波数伝達関数は，つぎのように表すことができる.

$$G(j\omega) = \frac{10}{j\omega(j\omega+1)(j\omega+2)} = \frac{10}{(j\omega)^3 + 3(j\omega)^2 + 2(j\omega)} \tag{5.49}$$

まず，ω の両極限における $G(j\omega)$ の絶対値を調べる. $\omega \to +0$ では，$\omega^3 \ll \omega^2 \ll \omega$ より，式 (5.49) の分母の三つ目の項だけに着目すればよい.

$$\lim_{\omega \to 0} |G(j\omega)| = \lim_{\omega \to 0} \frac{5}{\omega} = \infty \tag{5.50}$$

また，$\omega \to \infty$ では，$\omega^3 \gg \omega^2 \gg \omega$ より，式 (5.49) の分母の一つ目の項だけに着目すればよい.

$$\lim_{\omega \to \infty} |G(j\omega)| = \lim_{\omega \to \infty} \frac{10}{\omega^3} = 0 \tag{5.51}$$

位相についても同様にして，つぎのようになる.

$$\lim_{\omega \to 0} \angle G(j\omega) = \lim_{\omega \to 0} \angle \frac{5}{j\omega} = -90 \,[\text{deg}] \tag{5.52}$$

$$\lim_{\omega \to \infty} \angle G(j\omega) = \lim_{\omega \to \infty} \angle \frac{10}{(j\omega)^3} = -270 \,[\text{deg}] \tag{5.53}$$

これまでの考察から，以下のことがわかった.

- $\omega \to +0$ では，虚軸の負の方向に漸近して無限遠方へと向かう.
- $\omega \to \infty$ では，虚軸の正の方向から原点に収束する.

続いて，ベクトル軌跡が複素平面の軸と交わる点を求めよう. もし虚軸と交差するならば，その交点では $G(j\omega)$ の実部はゼロとなる. すなわち，

$$\text{Re}[G(j\omega)] = 0 \tag{5.54}$$

である. これを調べるには，式 (5.49) を有理化する必要がある. 式 (5.49) は

$$G(j\omega) = \frac{10}{-3\omega^2 + j\omega(2 - \omega^2)} \tag{5.55}$$

と書けるので，分母の共役な複素数を分母分子に掛けることでつぎのようになる.

$$\begin{aligned}
G(j\omega) &= \frac{10\{-3\omega^2 - j\omega(2 - \omega^2)\}}{\{-3\omega^2 + j\omega(2 - \omega^2)\}\{-3\omega^2 - j\omega(2 - \omega^2)\}} \\
&= \frac{-30\omega^2}{9\omega^4 + \omega^2(2 - \omega^2)^2} - j\frac{10\omega(2 - \omega^2)}{9\omega^4 + \omega^2(2 - \omega^2)^2}
\end{aligned} \tag{5.56}$$

したがって，上式の実部は

$$\mathrm{Re}[G(j\omega)] = \frac{-30}{9\omega^2 + (2-\omega^2)^2} \tag{5.57}$$

であることがわかる．上式から $\mathrm{Re}[G(j\omega)] = 0$ となるのは，$\omega = \infty$ のときに限る．すなわち，ベクトル軌跡が虚軸と交わるのは $\omega = \infty$ のときのみであって，交点は，式 (5.51) から原点である．

同様に，もしベクトル軌跡が実軸と交差するならば，その交点では $G(j\omega)$ の虚部はゼロとなる．すなわち，

$$\mathrm{Im}[G(j\omega)] = 0 \tag{5.58}$$

であるから，式 (5.56) の虚部をゼロとおく．

$$\mathrm{Im}[G(j\omega)] = \frac{-10(2-\omega^2)}{9\omega^3 + \omega(2-\omega^2)^2} = 0 \tag{5.59}$$

上式が成り立つのは，$\omega = \infty$ のほかに

$$\omega = \pm\sqrt{2}\ [\mathrm{rad/s}] \tag{5.60}$$

がある．$\omega < 0$ を除くことで，$\omega = \infty$ と $\omega = \sqrt{2}$ を得る．

$\omega = \infty$ のときの交点は，式 (5.51) から原点であることがわかる．また，$\omega = \sqrt{2}$ のときの交点は，この値を式 (5.56) に代入することで計算できる．

$$G(j\sqrt{2}) = \left. \frac{-30\omega^2}{9\omega^4 + \omega^2(2-\omega^2)^2} \right|_{\omega=\sqrt{2}}$$

$$= \frac{-30 \times 2}{9 \times 4 + 0} = \frac{-60}{36} = -\frac{5}{3} \tag{5.61}$$

これにより，$\omega = \sqrt{2}$ のとき，実軸と点 $-\dfrac{5}{3} + j0$ で交差することがわかった．

以上の考察から，ベクトル軌跡の概形は図 5.6 のようになる．

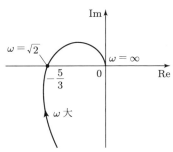

図 5.6 $G(j\omega) = \dfrac{10}{j\omega(j\omega+1)(j\omega+2)}$ のベクトル軌跡

演習 5.6 ▷ 3 次遅れ要素のベクトル軌跡 2

つぎの一巡伝達関数のベクトル軌跡の概形を描くことで，閉ループ系の安定条件を求めよ．ただし，$K > 0, T_1 > 0, T_2 > 0$ とする．

$$G(s) = \frac{K}{s(1+T_1 s)(1+T_2 s)} \tag{5.62}$$

解　周波数伝達関数は，つぎのように表すことができる.

$$G(j\omega) = \frac{K}{j\omega(1 + j\omega T_1)(1 + j\omega T_2)} = \frac{K}{(j\omega)^3 T_1 T_2 + (j\omega)^2 (T_1 + T_2) + (j\omega)} \quad (5.63)$$

まず，ω の両極限における $G(j\omega)$ の絶対値を調べる．$\omega \to +0$ では，$\omega^3 \ll \omega^2 \ll \omega$ より，式 (5.63) の分母の三つ目の項だけに着目すればよい.

$$\lim_{\omega \to 0} |G(j\omega)| = \lim_{\omega \to 0} \frac{K}{\omega} = \infty \quad (5.64)$$

また，$\omega \to \infty$ では，$\omega^3 \gg \omega^2 \gg \omega$ より，式 (5.63) の分母の一つ目の項だけに着目すればよい.

$$\lim_{\omega \to \infty} |G(j\omega)| = \lim_{\omega \to \infty} \frac{K}{\omega^3 T_1 T_2} = 0 \quad (5.65)$$

位相についても同様にして，つぎのようになる.

$$\lim_{\omega \to 0} \angle G(j\omega) = \lim_{\omega \to 0} \angle \frac{K}{j\omega} = -90\,[\text{deg}] \quad (5.66)$$

$$\lim_{\omega \to \infty} \angle G(j\omega) = \lim_{\omega \to \infty} \angle \frac{K}{(j\omega)^3 T_1 T_2} = -270\,[\text{deg}] \quad (5.67)$$

これまでの考察から，以下のことがわかった.

- $\omega \to +0$ では，虚軸の負の方向に漸近して無限遠方へと向かう.
- $\omega \to \infty$ では，虚軸の正の方向から原点に収束する.

続いて，式 (5.63) を有理化しよう．式 (5.63) は

$$G(j\omega) = \frac{K}{-\omega^2(T_1 + T_2) + j\omega(1 - \omega^2 T_1 T_2)} \quad (5.68)$$

と書けるので，分母の共役な複素数を分母分子に掛けることでつぎのようになる.

$$\begin{aligned} G(j\omega) &= \frac{K\{-\omega^2(T_1 + T_2) - j\omega(1 - \omega^2 T_1 T_2)\}}{\{-\omega^2(T_1 + T_2) + j\omega(1 - \omega^2 T_1 T_2)\}\{-\omega^2(T_1 + T_2) - j\omega(1 - \omega^2 T_1 T_2)\}} \\ &= \frac{-\omega^2 K(T_1 + T_2)}{\omega^4(T_1 + T_2)^2 + \omega^2(1 - \omega^2 T_1 T_2)^2} - j\,\frac{\omega K(1 - \omega^2 T_1 T_2)}{\omega^4(T_1 + T_2)^2 + \omega^2(1 - \omega^2 T_1 T_2)^2} \end{aligned}$$
$$(5.69)$$

これによって，$G(j\omega)$ は直交座標系式で表現され，実部と虚部はそれぞれつぎのようになる.

$$\text{Re}[G(j\omega)] = \frac{-K(T_1 + T_2)}{\omega^2(T_1 + T_2)^2 + (1 - \omega^2 T_1 T_2)^2} \quad (5.70)$$

$$\text{Im}[G(j\omega)] = \frac{-K(1 - \omega^2 T_1 T_2)}{\omega^3(T_1 + T_2)^2 + \omega(1 - \omega^2 T_1 T_2)^2} \quad (5.71)$$

さて，当初，$\omega \to +0$ における $G(j\omega)$ の絶対値と位相を求めるにあたり，式 (5.63) を使っ

た．ここでは，式 (5.69)〜(5.71) を使って，$\omega \to +0$ におけるベクトル軌跡の漸近線を求める．

まず，$G(j\omega)$ の実部の $\omega \to +0$ のときの極限を考える．式 (5.70) は

$$\mathrm{Re}[G(j\omega)] = \frac{-K(T_1 + T_2)}{\omega^2(T_1{}^2 + 2T_1T_2 + T_2{}^2) + (1 - 2\omega^2 T_1 T_2 + \omega^4 T_1{}^2 T_2{}^2)}$$

$$= \frac{-K(T_1 + T_2)}{\omega^4 T_1{}^2 T_2{}^2 + \omega^2(T_1{}^2 + T_2{}^2) + 1} \tag{5.72}$$

と書くことができる．$\omega \to +0$ のときは，$\omega^4 \ll \omega^2 \ll 1$ より，式 (5.72) の分母の三つ目の項だけに着目すればよいので，つぎのようになる．

$$\lim_{\omega \to 0} \mathrm{Re}[G(j\omega)] = \lim_{\omega \to 0} \frac{-K(T_1 + T_2)}{1} = -K(T_1 + T_2) \tag{5.73}$$

同様に，式 (5.71) は

$$\mathrm{Im}[G(j\omega)] = \frac{-K + \omega^2 K T_1 T_2}{\omega^5 T_1{}^2 T_2{}^2 + \omega^3(T_1{}^2 + T_2{}^2) + \omega} \tag{5.74}$$

となるので，$\omega \to +0$ のときは，$\omega^5 \ll \omega^3 \ll \omega^2 \ll \omega$ より

$$\lim_{\omega \to 0} \mathrm{Im}[G(j\omega)] = -\frac{K}{\omega} \tag{5.75}$$

となる．したがって，$\omega \to +0$ におけるベクトル軌跡の漸近線 $L(j\omega)$ はつぎのように書くことができる．

$$L(j\omega) = -K(T_1 + T_2) - j\frac{K}{\omega} \tag{5.76}$$

また，虚軸との交点は，式 (5.70) から

$$\mathrm{Re}[G(j\omega)] = \frac{-K(T_1 + T_2)}{\omega^2(T_1 + T_2)^2 + (1 - \omega^2 T_1 T_2)^2} = 0 \tag{5.77}$$

で求めることができる．上式の解は，$\omega = \infty$ のときに限る．すなわち，ベクトル軌跡が虚軸と交わるのは $\omega = \infty$ のときのみであって，交点は，式 (5.65) から原点である．

同様に，実軸との交点は，式 (5.71) から

$$\mathrm{Im}[G(j\omega)] = \frac{-K(1 - \omega^2 T_1 T_2)}{\omega^3(T_1 + T_2)^2 + \omega(1 - \omega^2 T_1 T_2)^2} = 0 \tag{5.78}$$

で求められる．上式が成り立つのは，$\omega = \infty$ のほかにつぎのときがある．

$$\omega = \frac{1}{\sqrt{T_1 T_2}} \ [\mathrm{rad/s}] \tag{5.79}$$

$\omega = \infty$ のときの交点は，式 (5.65) から原点である．また，$\omega = \dfrac{1}{\sqrt{T_1 T_2}}$ を式 (5.69) に代入することで，このときの交点を計算できる．

$$G\left(j\frac{1}{\sqrt{T_1 T_2}}\right) = \left.\frac{-K(T_1 + T_2)}{\omega^2(T_1 + T_2)^2 + (1 - \omega^2 T_1 T_2)^2}\right|_{\omega = \frac{1}{\sqrt{T_1 T_2}}} = -\frac{K T_1 T_2}{T_1 + T_2} \tag{5.80}$$

これにより，$\omega = \dfrac{1}{\sqrt{T_1 T_2}}$ のとき，実軸と点

$-\dfrac{K T_1 T_2}{T_1 + T_2} + j0$ で交差することがわかった．

以上の考察から，ベクトル軌跡の概形は図 5.7 のようになる．

閉ループ系が安定になるには，ナイキストの安定判別法によれば，$-1 + j0$ よりも右側に交点があればよいから，

$$-\frac{K T_1 T_2}{T_1 + T_2} > -1 \tag{5.81}$$

すなわち，

$$K T_1 T_2 < T_1 + T_2 \tag{5.82}$$

が安定条件である．

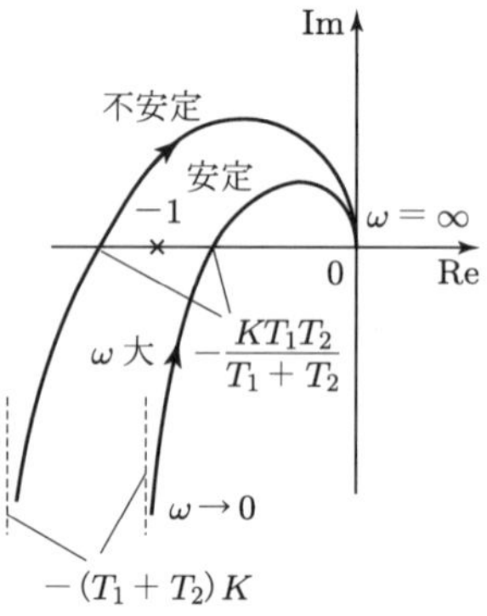

図 5.7 $G(j\omega) = \dfrac{K}{j\omega(1 + j\omega T_1)(1 + j\omega T_2)}$
のベクトル軌跡

◀

演習 5.7 ▷ 位相進み遅れ要素のベクトル軌跡

つぎの伝達関数のベクトル軌跡を作成せよ．ただし，$\alpha > 0, T > 0$ とする．

$$G(s) = \frac{1 + \alpha T s}{1 + T s} \tag{5.83}$$

解 周波数伝達関数は

$$G(j\omega) = \frac{1 + j\alpha T\omega}{1 + jT\omega} \tag{5.84}$$

である．上式を有理化して直交座標形式で表すと，つぎのようになる．

$$G(j\omega) = \frac{1 + j\alpha T\omega}{1 + jT\omega} \cdot \frac{1 - jT\omega}{1 - jT\omega} = \frac{1 + \alpha T^2 \omega^2}{1 + T^2 \omega^2} + j\frac{(\alpha - 1)T\omega}{1 + T^2 \omega^2} \tag{5.85}$$

最初に，$\omega = 0$ と $\omega = \infty$ のときの $G(j\omega)$ の値を調べておく．

$$\lim_{\omega \to 0} G(j\omega) = \lim_{\omega \to 0} \left(\frac{1 + \alpha T^2 \omega^2}{1 + T^2 \omega^2} + j\frac{(\alpha - 1)T\omega}{1 + T^2 \omega^2} \right) = \frac{1 + 0}{1 + 0} + j\frac{0}{1 + 0} = 1 + j0 \tag{5.86}$$

$$\lim_{\omega \to \infty} G(j\omega) = \lim_{\omega \to \infty} \left(\frac{1 + \alpha T^2 \omega^2}{1 + T^2 \omega^2} + j\frac{(\alpha - 1)T\omega}{1 + T^2 \omega^2} \right)$$

$$= \lim_{\omega \to \infty} \left(\frac{\dfrac{1}{\omega^2} + \alpha T^2}{\dfrac{1}{\omega^2} + T^2} + j\frac{(\alpha - 1)T}{\dfrac{1}{\omega} + T^2 \omega} \right) = \frac{0 + \alpha T^2}{0 + T^2} + j0$$

$$= \alpha + j0 \tag{5.87}$$

以上から,ベクトル軌跡は,点 $1 + j0$ を出発して点 $\alpha + j0$ に収束することが判明した.

つぎに,ベクトル軌跡の形状を調べることを目的に,式 (5.85) において,実部を p,虚部を q とする.

$$p = \frac{1 + \alpha T^2 \omega^2}{1 + T^2 \omega^2} \tag{5.88}$$

$$q = \frac{(\alpha - 1)T\omega}{1 + T^2 \omega^2} \tag{5.89}$$

ここで,表記を簡単にするため

$$x = T\omega \tag{5.90}$$

とおけば,式 (5.88) と式 (5.89) はつぎのように書くことができる.

$$p = \frac{1 + \alpha x^2}{1 + x^2} \tag{5.91}$$

$$q = \frac{(\alpha - 1)x}{1 + x^2} \tag{5.92}$$

式 (5.91) と式 (5.92) から x を消去して p と q の関係式を導出しよう.

まず,式 (5.91) を x^2 について解く.

$$p(1 + x^2) = 1 + \alpha x^2$$

$$(p - \alpha)x^2 = 1 - p$$

$$\therefore \ x^2 = \frac{1 - p}{p - \alpha} \tag{5.93}$$

つぎに,式 (5.92) を 2 乗しておいてから,式 (5.93) を代入する.

$$q^2 = \frac{(\alpha - 1)^2 x^2}{(1 + x^2)^2} = \frac{(\alpha - 1)^2 \dfrac{1 - p}{p - \alpha}}{\left(1 + \dfrac{1 - p}{p - \alpha}\right)^2} = \frac{(\alpha - 1)^2 (p - \alpha)(1 - p)}{(1 - \alpha)^2} = (p - \alpha)(1 - p)$$

$$\therefore \ q^2 = -p^2 + p + \alpha p - \alpha \tag{5.94}$$

式 (5.94) は

$$p^2 - (\alpha + 1)p + q^2 = -\alpha \tag{5.95}$$

と書けるから,これを p に関しての平方完成に変形する.

$$\left(p - \frac{\alpha + 1}{2}\right)^2 + q^2 = -\alpha + \left(\frac{\alpha + 1}{2}\right)^2 = \frac{\alpha^2 - 2\alpha + 1}{4}$$

$$\therefore \left(p - \frac{\alpha+1}{2}\right)^2 + q^2 = \left(\frac{\alpha-1}{2}\right)^2 \tag{5.96}$$

上式は，複素平面上において，中心が $\frac{\alpha+1}{2} + j0$，半径が $\frac{|\alpha-1|}{2}$ の円を表している．

ベクトル軌跡は式 (5.88) と式 (5.89) から，$\omega > 0$ において図 5.8 に示すようになる．すなわち，

- $\alpha > 1$ の場合は，位相進み要素を表し，円の上半分，
- $0 < \alpha < 1$ の場合は，位相遅れ要素を表し，円の下半分

がベクトル軌跡となる．とくに $\alpha = 1$ なら，式 (5.88) と式 (5.89) から

$$p = 1, \qquad q = 0 \tag{5.97}$$

となるから，ベクトル軌跡は $1 + j0$ の点に退化する．また，与式 (5.83) では $\alpha > 0$ としているが，とくにこれを $\alpha = 0$ とすれば，演習 5.1 で学んだ 1 次遅れ要素に一致する．

$\alpha > 1$ の場合を図 5.9 (a) に，$0 < \alpha < 1$ の場合を図 5.9 (b) に示す．

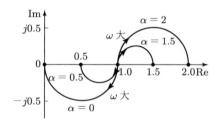

図 5.8　$G(j\omega) = \dfrac{1 + j\alpha T\omega}{1 + jT\omega}$ のベクトル軌跡 1

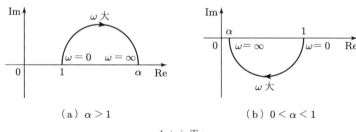

（a）$\alpha > 1$　　　　　　　　　　（b）$0 < \alpha < 1$

図 5.9　$G(j\omega) = \dfrac{1 + j\alpha T\omega}{1 + jT\omega}$ のベクトル軌跡 2　　◀

演習 5.8 ▷ 4 次遅れ 1 次進み要素のベクトル軌跡

つぎの伝達関数のベクトル軌跡を作成せよ．ただし，$K > 0$, $T_1 > 0$, $T_2 > 0$, $T_3 > 0$ とする．

$$G(s) = \frac{K(1 + T_3 s)}{s^2(1 + T_1 s)(1 + T_2 s)} \tag{5.98}$$

解 周波数伝達関数は

$$G(j\omega) = \frac{K(1 + jT_3\omega)}{(j\omega)^2(1 + jT_1\omega)(1 + jT_2\omega)} \tag{5.99}$$

である．上式の絶対値は

$$|G(j\omega)| = \frac{K\sqrt{1 + (T_3\omega)^2}}{\omega^2\sqrt{1 + (T_1\omega)^2}\sqrt{1 + (T_2\omega)^2}} \tag{5.100}$$

で求められ，位相は次式で計算される．

$$\theta = \angle G(j\omega) = \angle(1 + jT_3\omega) - 2\angle j\omega - \angle(1 + jT_1\omega) - \angle(1 + jT_2\omega)$$

$$= \tan^{-1}T_3\omega - 180 - \tan^{-1}T_1\omega - \tan^{-1}T_2\omega \ [\text{deg}] \tag{5.101}$$

$\omega = 0 \,[\text{rad/s}]$ のときは

$$|G(j0)| = \frac{K}{0} = \infty \tag{5.102}$$

$$\theta = \tan^{-1}0 - 180 - \tan^{-1}0 - \tan^{-1}0 = 0 - 180 - 0 - 0 = -180 \,[\text{deg}] \tag{5.103}$$

であり，また，$\omega = \infty \,[\text{rad/s}]$ のときは

$$|G(j\infty)| = \frac{K\sqrt{1 + \infty^2}}{\infty^2\sqrt{1 + \infty^2}\sqrt{1 + \infty^2}} = 0 \tag{5.104}$$

$$\theta = \tan^{-1}\infty - 180 - \tan^{-1}\infty - \tan^{-1}\infty = 90 - 180 - 90 - 90$$

$$= -270 \,[\text{deg}] \tag{5.105}$$

である．以上の考察から，つぎのことがわかった．

- $\omega \to +0$ のとき，実軸の負の方向に漸近して無限遠方へと向かう．
- $\omega \to \infty$ のとき，虚軸の正方向から原点に収束する．

つぎに，両軸との交点を調べることにする．そのために，式 (5.99) の分母は $-\omega^2(1 + jT_1\omega)(1 + jT_2\omega)$ であるから，同式の分母分子に $(1 - jT_1\omega)(1 - jT_2\omega)$ を掛けることで有理化しよう．

$$G(j\omega) = \frac{K(1 - jT_1\omega)(1 - jT_2\omega)(1 + jT_3\omega)}{-\omega^2(1 + jT_1\omega)(1 - jT_1\omega)(1 + jT_2\omega)(1 - jT_2\omega)} \tag{5.106}$$

上式の分母はつぎのようになる．

$$G(j\omega) \text{ の分母} = -\omega^2(1 + T_1{}^2\omega^2)(1 + T_2{}^2\omega^2) \tag{5.107}$$

また，式 (5.106) の分子はつぎのようになる．

$$\begin{aligned}
G(j\omega) \text{ の分子} &= K\{1 - j(T_1 + T_2)\omega - T_1T_2\omega^2\}(1 + jT_3\omega) \\
&= K\{1 - j(T_1 + T_2)\omega - T_1T_2\omega^2 + jT_3\omega + (T_1 + T_2)T_3\omega^2 - jT_1T_2T_3\omega^3\} \\
&= K\{1 - T_1T_2\omega^2 + (T_1 + T_2)T_3\omega^2 - j(T_1 + T_2)\omega + jT_3\omega - jT_1T_2T_3\omega^3\} \\
&= K[1 - \{T_1T_2 - (T_1 + T_2)T_3\}\omega^2] + jK\omega[(T_3 - T_1 - T_2) - T_1T_2T_3\omega^2]
\end{aligned} \tag{5.108}$$

したがって，$G(j\omega)$ の実部を $p(\omega)$，虚部を $q(\omega)$ とすれば，つぎのようになる．

$$p(\omega) = \frac{K[1 - \{T_1T_2 - (T_1 + T_2)T_3\}\omega^2]}{-\omega^2(1 + T_1{}^2\omega^2)(1 + T_2{}^2\omega^2)} \tag{5.109}$$

$$q(\omega) = \frac{K\omega[(T_3 - T_1 - T_2) - T_1T_2T_3\omega^2]}{-\omega^2(1 + T_1{}^2\omega^2)(1 + T_2{}^2\omega^2)} \tag{5.110}$$

ベクトル軌跡が複素平面の軸と交わる点を求めよう．もし虚軸と交差するならば，その交点では $G(j\omega)$ の実部 $p(\omega)$ はゼロとなる．すなわち，$p(\omega) = 0$ とする ω は，式 (5.109) から

$$\omega^2 = \frac{1}{T_1T_2 - (T_1 + T_2)T_3} \tag{5.111}$$

を満たさなくてはならない．上式の解が正の実数になるには

$$T_1T_2 > (T_1 + T_2)T_3 \tag{5.112}$$

すなわち，

$$\frac{1}{T_3} > \frac{1}{T_1} + \frac{1}{T_2} \tag{5.113}$$

でなければならない．条件式 (5.113) を満たすとき，ベクトル軌跡は虚軸と交差する．

もし実軸と交差するならば，その交点では $G(j\omega)$ の虚部 $q(\omega)$ はゼロとなる．すなわち，$q(\omega) = 0$ とする ω は，式 (5.110) から

$$\omega^2 = \frac{T_3 - T_1 - T_2}{T_1T_2T_3} \tag{5.114}$$

を満たさなくてはならない．上式の解が正の実数になるには，$T_1 > 0, T_2 > 0, T_3 > 0$ であることより，

$$T_3 > T_1 + T_2 \tag{5.115}$$

でなければならないことがわかる．条件式 (5.115) を満たすとき，ベクトル軌跡は実軸と交差する．

これら二つの条件式 (5.113) と (5.115) は，同時に成り立つことがないことを以下において示そう.

もし両方の条件式が同時に成り立つならば，辺々を掛け合わせて

$$\frac{1}{T_3} \cdot T_3 > \left(\frac{1}{T_1} + \frac{1}{T_2}\right) \cdot (T_1 + T_2) \tag{5.116}$$

が成り立つ. 上式の左辺は 1，右辺は

$$\left(\frac{1}{T_1} + \frac{1}{T_2}\right) \cdot (T_1 + T_2) = \frac{(T_1 + T_2)^2}{T_1 T_2} = \frac{{T_1}^2 + 2T_1 T_2 + {T_2}^2}{T_1 T_2} \tag{5.117}$$

となる. よって，式 (5.116) は

$$T_1 T_2 > {T_1}^2 + 2T_1 T_2 + {T_2}^2 \tag{5.118}$$

となり，成立しない. これは，条件式 (5.113) と (5.115) が，同時に成り立つと仮定したことが間違いであった. したがって，ベクトル軌跡が実軸と虚軸を同時に交差することはない.

以上の考察から，T_1, T_2, T_3 の値に応じてつぎの三つの場合がある.

① $T_3 > T_1 + T_2$

② $T_3 \leqq T_1 + T_2$ かつ $\dfrac{1}{T_3} \leqq \dfrac{1}{T_1} + \dfrac{1}{T_2}$

③ $\dfrac{1}{T_3} > \dfrac{1}{T_1} + \dfrac{1}{T_2}$

それぞれの場合のベクトル軌跡の概形は図 5.10 のようになる.

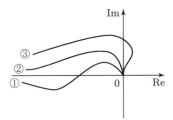

図 5.10 $G(j\omega) = \dfrac{K(1 + jT_3\omega)}{(j\omega)^2(1 + jT_1\omega)(1 + jT_2\omega)}$ のベクトル軌跡

第6章

ボード線図

基本 第 5 章で学んだベクトル軌跡は，周波数伝達関数 $G(j\omega)$ の大きさと位相をベクトルで表現する方法であった．角周波数 ω の値に応じて変化するベクトルの先端の軌跡を 1 本の線で表すので，線上にときどき ω の値を書いておく必要があった．この不便を解消したのが，ボード線図である．

ボード線図は，横軸に角周波数 ω を対数目盛でとり，周波数伝達関数 $G(j\omega)$ のゲインと位相を別々に描く表現法である．

$$\text{ゲイン}：g(\omega) = 20\log_{10}|G(j\omega)| \text{ [dB]}$$
$$\text{位　相}：\theta(\omega) = \angle G(j\omega) \text{ [rad] または [deg]}$$

$G_3(s) = G_1(s)G_2(s)$ であるとき，次式が成立する．

$$g_3(\omega) = g_1(\omega) + g_2(\omega) \tag{6.1}$$
$$\theta_3(\omega) = \theta_1(\omega) + \theta_2(\omega) \tag{6.2}$$

また，$G_3(s) = \dfrac{G_1(s)}{G_2(s)}$ であるときは，次式が成立する．

$$g_3(\omega) = g_1(\omega) - g_2(\omega) \tag{6.3}$$
$$\theta_3(\omega) = \theta_1(\omega) - \theta_2(\omega) \tag{6.4}$$

さらに，$G_2(s) = \dfrac{1}{G_1(s)}$ ならば，

$$g_2(\omega) = -g_1(\omega) \tag{6.5}$$
$$\theta_2(\omega) = -\theta_1(\omega) \tag{6.6}$$

が成り立つ．これらの関係は，ボード線図を作成するうえで非常に便利な性質である．

基本要素のボード線図を以下にまとめる．

(a) 比例要素（図 6.1）

$$G(j\omega) = K \tag{6.7}$$

(b) 微分要素（図 6.2）

$$G(j\omega) = jT_D\omega \tag{6.8}$$

図 6.2 のゲインのように，上式を表す直線は，ω が 10 倍増加するごとに 20 dB 増加する一定の傾きをもつ．この傾きを 20 dB/dec と表す．

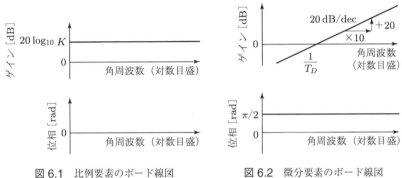

図 6.1 比例要素のボード線図　　図 6.2 微分要素のボード線図

(c) 積分要素（図 6.3）

$$G(j\omega) = \frac{1}{jT_I\omega} \tag{6.9}$$

(d) 1 次遅れ要素（図 6.4）

$$G(j\omega) = \frac{1}{1 + jT\omega} \tag{6.10}$$

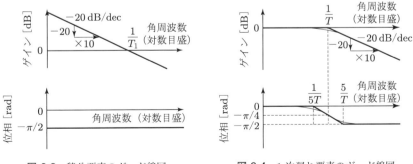

図 6.3 積分要素のボード線図　　図 6.4 1 次遅れ要素のボード線図

6.1 🔲 ボード線図を折れ線近似を使って手で描く

演習 6.1 ▷ 2 次遅れ要素のボード線図 1

つぎの伝達関数のボード線図を作成せよ.

$$G(s) = \frac{1}{s(1 + 0.125s)} \tag{6.11}$$

解 与えられた伝達関数を次式のように分解する.

$$G(s) = \frac{1}{s(1 + 0.125s)} = \frac{1}{s} \times \frac{1}{1 + 0.125s} = G_1(s)G_2(s) \tag{6.12}$$

折れ点の角周波数を表 6.1 にまとめる.

伝達関数 $G_1(s), G_2(s)$ のボード線図を表 6.1 に基づいてそれぞれ作図したのち,それらを図面上で足し合わせることで完成する. 結果を図 6.5 に示す.

表 6.1 折れ点の角周波数

	定常ゲイン	T	$1/5T$	$1/T$	$5/T$
G_1	—	1	—	1	—
G_2	1	0.125	1.6	8	40

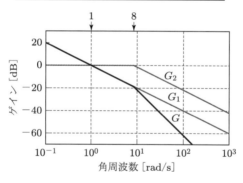

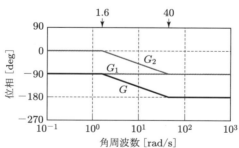

図 6.5 $G(s) = \dfrac{1}{s(1 + 0.125s)}$ のボード線図

演習 6.2 ▷ 2 次遅れ要素のボード線図 2

つぎの伝達関数のボード線図を作成せよ.

$$G(s) = \frac{5000}{(10+s)(50+s)} \tag{6.13}$$

解 与えられた伝達関数を次式のように分解する.

$$G(s) = 10 \times \frac{1}{1+0.1s} \times \frac{1}{1+0.02s} = G_1(s)G_2(s)G_3(s) \tag{6.14}$$

折れ点の角周波数を表 6.2 にまとめる.

伝達関数 $G_1(s), G_2(s), G_3(s)$ のボード線図を表 6.2 に基づいてそれぞれ作図したのち, それらを図面上で足し合わせることで完成する. 結果を図 6.6 に示す.

表 6.2 折れ点の角周波数

	定常ゲイン	T	$1/5T$	$1/T$	$5/T$
G_1	10	—	—	—	—
G_2	1	0.1	2	10	50
G_3	1	0.02	10	50	250

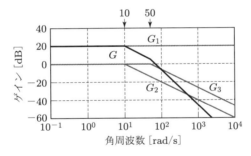

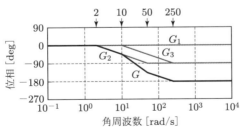

図 6.6 $G(s) = \dfrac{5000}{(10+s)(50+s)}$ のボード線図

演習 6.3 ▷ 2 次遅れ 1 次進み要素のボード線図

つぎの伝達関数のボード線図を作成せよ.

$$G(s) = \frac{1+s}{(1+0.1s)(1+0.01s)} \tag{6.15}$$

解 与えられた伝達関数を次式のように分解する.

$$G(s) = \frac{1}{1+0.1s} \times \frac{1}{1+0.01s} \times \frac{1+s}{1} = G_1(s)G_2(s)G_3(s) \tag{6.16}$$

折れ点の角周波数を表 6.3 にまとめる.

伝達関数 $G_1(s), G_2(s), G_3(s)$ およびそれらを合成した $G(s)$ のボード線図を図 6.7 に示す.

表 6.3 折れ点の角周波数

	定常ゲイン	T	$1/5T$	$1/T$	$5/T$
G_1	1	0.1	2	10	50
G_2	1	0.01	20	100	500
G_3	1	1	0.2	1	5

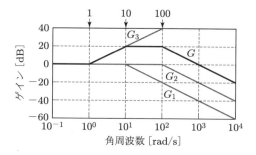

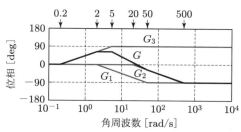

図 6.7 $G(s) = \dfrac{1+s}{(1+0.1s)(1+0.01s)}$ のボード線図

演習 6.4 ▷ 3次遅れ 1次進み要素のボード線図

つぎの伝達関数のボード線図を作成せよ.

$$G(s) = \frac{10(1 + 0.01s)}{s(1 + 0.1s)^2} \tag{6.17}$$

解 与えられた伝達関数を次式のように分解する.

$$G(s) = \frac{1}{0.1s} \times \frac{1}{(1 + 0.1s)^2} \times \frac{1 + 0.01s}{1} = G_1(s)G_2(s)G_3(s) \tag{6.18}$$

折れ点の角周波数を表 6.4 にまとめる.

伝達関数 $G_1(s), G_2(s), G_3(s)$ およびそれらを合成した $G(s)$ のボード線図を図 6.8 に示す.

表 6.4　折れ点の角周波数

	定常ゲイン	T	$1/5T$	$1/T$	$5/T$
G_1	—	0.1	—	10	—
G_2	1	0.1	2	10	50
G_3	1	0.01	20	100	500

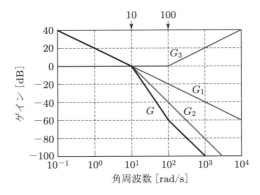

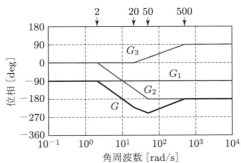

図 6.8　$G(s) = \dfrac{10(1 + 0.01s)}{s(1 + 0.1s)^2}$ のボード線図　◀

6.2 ボード線図から伝達関数を推定する

本節で扱うシステムのすべての極と零点は複素平面上の右半平面には存在しないものと仮定する.

演習 6.5 ▷ ボード線図から伝達関数を推定する 1

図 6.9 に示すゲイン特性曲線から伝達関数を推定せよ.

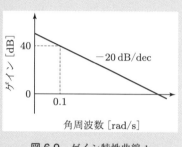

図 6.9 ゲイン特性曲線 1

解 図 6.10 に示すように,比例要素 $G_1(s) = K$ と積分要素 $G_2(s) = \dfrac{1}{T_I s}$ に分解して考える.

まず,比例要素 $G_1(s) = K$ については,

$$20 \log_{10} K = 40 = 20 \log_{10} 10^2 \qquad (6.19)$$

から,$K = 100$ と求められる.つぎに,積分要素 $G_2(s) = \dfrac{1}{T_I s}$ については,横軸切片に着目することで次式が成り立つ.

$$\frac{1}{T_I} = 0.1 \qquad (6.20)$$

上式を解いて,$T_I = 10$ となる.したがって,求める伝達関数はつぎのようになる.

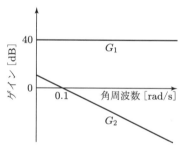

図 6.10 $G_1(s)$ と $G_2(s)$ に分解したゲイン特性曲線

$$G(s) = G_1(s)G_2(s) = 100 \times \frac{1}{10s} = \frac{10}{s} \qquad (6.21)◀$$

解説

もう一つの接近法を紹介しよう.図 6.9 のゲイン特性曲線は傾きが $-20\,\mathrm{dB/dec}$ の直線なので,積分要素 $G(s) = \dfrac{1}{T_I s}$,$T_I > 0$ である.その周波数伝達関数 $G(j\omega) = \dfrac{1}{j T_I \omega}$ のゲインは

$$|G(j\omega)| = \left| \frac{1}{j T_I \omega} \right| = \frac{1}{T_I \omega} \qquad (6.22)$$

となるから，デシベルで表すと $20 \log_{10} \dfrac{1}{T_I \omega}$ [dB] である．さて，図 6.9 から，$\omega = 0.1$ [rad/s] のとき 40 dB なので次式が成り立つ．

$$20 \log_{10} \frac{1}{0.1 T_I} = 40 = 20 \log_{10} 10^2 \tag{6.23}$$

よって，

$$\frac{1}{0.1 T_I} = 100 \tag{6.24}$$

より，$T_I = \dfrac{1}{10}$ となるので，求める伝達関数は $G(s) = \dfrac{10}{s}$ である．

演習 6.6 ▷ ボード線図から伝達関数を推定する 2

図 6.11 に示す折れ線で近似したゲイン特性曲線から伝達関数を推定せよ．

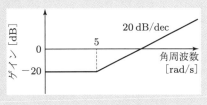

図 6.11　ゲイン特性曲線 2

解　図 6.12 に示すように，比例要素 $G_1(s) = K$ と 1 次進み要素 $G_2(s) = \dfrac{1 + Ts}{1}$ に分解して考える．

まず，比例要素 $G_1(s) = K$ については，

$$20 \log_{10} K = -20 = 20 \log_{10} 10^{-1} \tag{6.25}$$

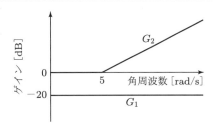

図 6.12　$G_1(s)$ と $G_2(s)$ に分解したゲイン特性曲線

から，$K = \dfrac{1}{10}$ と求められる．つぎに，1 次進み要素 $G_2(s) = \dfrac{1 + Ts}{1}$ については，折れ点角周波数に着目することで次式が成り立つ．

$$\frac{1}{T} = 5 \tag{6.26}$$

上式を解いて，$T = 0.2$ となる．したがって，求める伝達関数はつぎのようになる．

$$G(s) = G_1(s) G_2(s) = \frac{1 + 0.2s}{10} \tag{6.27}$$ ◀

演習 6.7 ▷ ボード線図から伝達関数を推定する 3

図 6.13 に示す折れ線で近似したゲイン特性曲線から伝達関数を推定せよ.

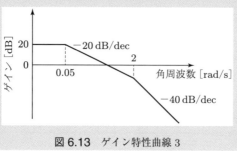

図 6.13　ゲイン特性曲線 3

解　図 6.14 に示すように,比例要素 $G_1(s) = K$ と 1 次遅れ要素 $G_2(s) = \dfrac{1}{1 + T_2 s}$,$G_3(s) = \dfrac{1}{1 + T_3 s}$ に分解して考える.

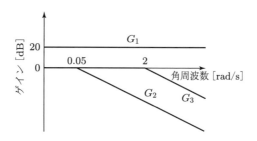

図 6.14　$G_1(s)$〜$G_3(s)$ に分解したゲイン特性曲線

まず,比例要素 $G_1(s) = K$ については,

$$20 \log_{10} K = 20 = 20 \log_{10} 10^1 \tag{6.28}$$

から,$K = 10$ と求められる.つぎに,1 次遅れ要素 $G_2(s) = \dfrac{1}{1 + T_2 s}$,$G_3(s) = \dfrac{1}{1 + T_3 s}$ については,折れ点角周波数に着目することで次式が成り立つ.

$$\frac{1}{T_2} = 0.05, \qquad \frac{1}{T_3} = 2 \tag{6.29}$$

上式から,$T_2 = 20$,$T_3 = 0.5$ を得る.したがって,求める伝達関数はつぎのようになる.

$$G(s) = G_1(s) G_2(s) G_3(s) = 10 \times \frac{1}{1 + 20s} \times \frac{1}{1 + 0.5s} = \frac{10}{(1 + 20s)(1 + 0.5s)} \tag{6.30} \blacktriangleleft$$

演習 6.8 ▷ ボード線図から伝達関数を推定する 4

図 6.15 に示す折れ線で近似したゲイン特性曲線から伝達関数を推定せよ.

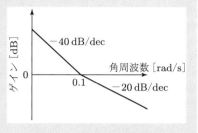

図 6.15 ゲイン特性曲線 4

解 図 6.15 において $\omega = 0.1$ よりも低周波領域は, 直線の傾きが $-40\,\text{dB/dec}$ なので, 積分要素が二つ直列結合していると考える. そうすれば, 図 6.16 に示すように積分要素 $G_1(s) = \dfrac{1}{T_I s}$ と 1 次進み要素 $G_2(s) = \dfrac{1 + Ts}{1}$ に分解して扱えばよいことがわかる.

積分要素 $G_1(s)$ の横軸切片および 1 次進み要素 $G_2(s)$ の折れ点角周波数に着目することで, 次式が成り立つ.

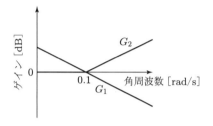

図 6.16 $G_1(s)$ と $G_2(s)$ に分解したゲイン特性曲線

$$\frac{1}{T_I} = 0.1, \qquad \frac{1}{T} = 0.1 \tag{6.31}$$

よって, $T_I = T = 10$ を得る. したがって, 求める伝達関数はつぎのようになる.

$$G(s) = G_1(s)G_1(s)G_2(s) = \frac{1}{10s} \times \frac{1}{10s} \times \frac{1 + 10s}{1} = \frac{1 + 10s}{100s^2} \tag{6.32} \blacktriangleleft$$

演習 6.9 ▷ ボード線図から伝達関数を推定する 5

図 6.17 に示す折れ線で近似したゲイン特性曲線から伝達関数を推定せよ.

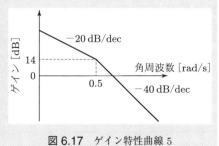

図 6.17 ゲイン特性曲線 5

解 図 6.18 に示すように，積分要素 $G_1(s) = \dfrac{1}{T_I s}$ と 1 次遅れ要素 $G_2(s) = \dfrac{1}{1+Ts}$ に分解して考える．

演習 6.5 の解説において，積分要素 $G_1(s) = \dfrac{1}{T_I s}$ のゲインは $20 \log_{10} \dfrac{1}{T_I \omega}$ [dB] で計算できることを説明した．図 6.18 から，$\omega = 0.5$ [rad/s] のとき 14 dB なので次式が成り立つ．

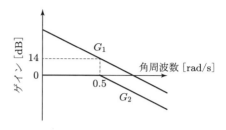

図 6.18 $G_1(s)$ と $G_2(s)$ に分解したゲイン特性曲線

$$20 \log_{10} \frac{1}{0.5 T_I} = 14 = 20 \log_{10} 10^{0.7} \tag{6.33}$$

よって，

$$\frac{1}{0.5 T_I} = 10^{0.7} = 5.012 \tag{6.34}$$

より，$T_I = 0.399$ となる．また，1 次遅れ要素 $G_2(s) = \dfrac{1}{1+Ts}$ は，折れ点角周波数が $\omega = 0.5$ [rad/s] なので，$T = 2$ となる．したがって，求める伝達関数はつぎのようになる．

$$G(s) = \frac{1}{0.4s(1+2s)} = \frac{5}{2s(1+2s)} \tag{6.35}\blacktriangleleft$$

演習 6.10 ▷ ボード線図から伝達関数を推定する 6

図 6.19 に示す折れ線で近似したゲイン特性曲線から伝達関数を推定せよ．

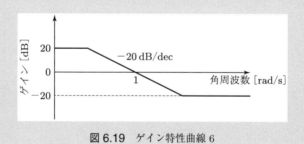

図 6.19 ゲイン特性曲線 6

解 図 6.20 に示すように，比例要素 $G_1(s) = K$，積分要素 $G_2(s) = \dfrac{1}{T_I s}$，1 次遅れ要素 $G_3(s) = \dfrac{1}{1+T_3 s}$，1 次進み要素 $G_4(s) = \dfrac{1+T_4 s}{1}$ に分解して考える．ただし，積分要素 $G_2(s) = \dfrac{1}{T_I s}$ は，図 6.20 中の角周波数 ω_1, ω_2 を求めるのに用いるだけである．

比例要素 $G_1(s) = K$ は，演習 6.7 と同様であって，$K = 10$ となる．積分要素 $G_2(s) = \dfrac{1}{T_I s}$ は，横軸切片が $\omega = 1$ であることから，$G_2(s) = \dfrac{1}{s}$ とわかる．よって，$\omega = \omega_1$ において

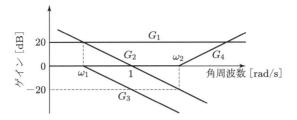

図 6.20 $G_1(s) \sim G_4(s)$ に分解したゲイン特性曲線

$$20 \log_{10} \frac{1}{\omega_1} = 20 = 20 \log_{10} 10 \tag{6.36}$$

が成り立つ．上式を解いて，$\omega_1 = 0.1$ を得る．同様に，$\omega = \omega_2$ において

$$20 \log_{10} \frac{1}{\omega_2} = -20 = 20 \log_{10} 10^{-1} \tag{6.37}$$

が成り立つことから，$\omega_2 = 10$ となる．角周波数 ω_1, ω_2 はそれぞれ，1 次遅れ要素 $G_3(s) = \dfrac{1}{1 + T_3 s}$ と 1 次進み要素 $G_4(s) = \dfrac{1 + T_4 s}{1}$ の折れ点角周波数であるので，$T_3 = 10, T_4 = 0.1$ であることがすぐにわかる．したがって，求める伝達関数はつぎのようになる．

$$G(s) = G_1(s) G_3(s) G_4(s) = 10 \times \frac{1}{1 + 10s} \times \frac{1 + 0.1s}{1} = \frac{10(1 + 0.1s)}{1 + 10s} = \frac{s + 10}{10s + 1} \tag{6.38}$$

演習 6.11 ▷ **ボード線図から伝達関数を推定する 7**

図 6.21 に示す折れ線で近似したゲイン特性曲線から伝達関数を推定せよ．

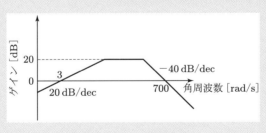

図 6.21 ゲイン特性曲線 7

解 図 6.22 に示すように，$G_1(s) = T_D s$, $G_2(s) = \dfrac{1}{1 + T_2 s}$, $G_3(s) = \left(\dfrac{1}{T_I s} \right)^2$, $G_4(s) = \left(\dfrac{1}{1 + T_4 s} \right)^2$ に分解して考える．ただし，$G_3(s) = \left(\dfrac{1}{T_I s} \right)^2$ は，図 6.22 中の角周波数 ω_2 を求めるのに用いるだけである．

微分要素 $G_1(s) = T_D s$ の横軸切片に着目して，$\dfrac{1}{T_D} = 3$ から，$G_1(s) = \dfrac{s}{3}$ となる．この微

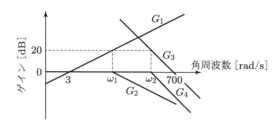

図 6.22　$G_1(s)$〜$G_4(s)$ に分解したゲイン特性曲線

分要素のゲインは $20 \log_{10} \dfrac{\omega}{3}$ なので，$\omega = \omega_1$ のとき 20 dB の条件から

$$20 \log_{10} \frac{\omega_1}{3} = 20 = 20 \log_{10} 10 \tag{6.39}$$

が成り立ち，$\omega_1 = 30$ であることがわかる．よって，$G_2(s) = \dfrac{1}{1 + T_2 s}$ の折れ点角周波数が

30 rad/s であるから，$G_2(s) = \dfrac{1}{1 + \dfrac{s}{30}}$ となる．

つぎに，$G_3(s) = \left(\dfrac{1}{T_I s}\right)^2$ に着目しよう．$G_3(s)$ の横軸切片が $\omega = 700$ であるから，

$\dfrac{1}{T_I} = 700$ より，$G_3(s) = \dfrac{700^2}{s^2}$ となる．$G_3(s)$ のゲインは，$\omega = \omega_2$ のとき 20 dB の条件から次式が成立する．

$$20 \log_{10} \frac{700^2}{{\omega_2}^2} = 20 = 20 \log_{10} 10 \tag{6.40}$$

上式を解いて，$\omega_2 = 221$ を得る．よって，$G_4(s) = \left(\dfrac{1}{1 + T_4 s}\right)^2$ の折れ点角周波数が 221 rad/s

であるから，$G_4(s) = \dfrac{1}{\left(1 + \dfrac{s}{221}\right)^2}$ となる．

したがって，求める伝達関数はつぎのようになる．

$$G(s) = G_1(s) G_2(s) G_4(s) = \frac{s}{3} \times \frac{1}{1 + \dfrac{s}{30}} \times \frac{1}{\left(1 + \dfrac{s}{221}\right)^2}$$

$$= \frac{s}{3 \left(1 + \dfrac{s}{30}\right) \left(1 + \dfrac{s}{221}\right)^2} \tag{6.41} \blacktriangleleft$$

演習 6.12 ▷ ボード線図から伝達関数を推定する 8

図 6.23 に示す折れ線で近似したゲイン特性曲線から伝達関数を推定せよ.

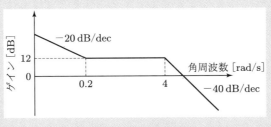

図 6.23 ゲイン特性曲線 8

解 図 6.24 に示すように, $G_1(s) = \dfrac{K}{s}$, $G_2(s) = \dfrac{1 + T_2 s}{1}$, $G_3(s) = \dfrac{1}{(1 + T_3 s)^2}$ に分解して考える.

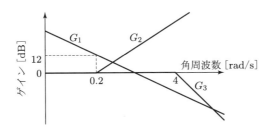

図 6.24 $G_1(s)$〜$G_3(s)$ に分解したゲイン特性曲線

積分要素 $G_1(s) = \dfrac{K}{s}$ のゲインは, $\omega = 0.2$ のとき $12\,\mathrm{dB}$ なので,

$$20 \log_{10} \frac{K}{0.2} = 12 = 20 \log_{10} 10^{0.6} \tag{6.42}$$

が成り立つ. 上式から

$$\frac{K}{0.2} = 10^{0.6} = 3.98 \tag{6.43}$$

となり, $K \approx 0.8$ を得る. $G_2(s), G_3(s)$ の折れ点角周波数がそれぞれ, $0.2, 4\,\mathrm{rad/s}$ であるから, $T_2 = 5, T_3 = 0.25$ であるとわかる.

したがって, 求める伝達関数はつぎのようになる.

$$G(s) = G_1(s) G_2(s) G_3(s) = \frac{0.8}{s} \times \frac{1 + 5s}{1} \times \frac{1}{(1 + 0.25s)^2}$$

$$= \frac{0.8(1 + 5s)}{s(1 + 0.25s)^2} \tag{6.44} \blacktriangleleft$$

演習 6.13 ▷ ボード線図から伝達関数を推定する 9

図 6.25 に示す折れ線で近似したゲイン特性曲線から伝達関数を推定せよ.

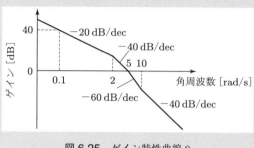

図 6.25 ゲイン特性曲線 9

解 図 6.26 に示すように, $G_1(s) = K$, $G_2(s) = \dfrac{1}{T_2 s}$, $G_3(s) = \dfrac{1}{1 + T_3 s}$, $G_4(s) = \dfrac{1}{1 + T_4 s}$, $G_5(s) = \dfrac{1 + T_5 s}{1}$ に分解して考える.

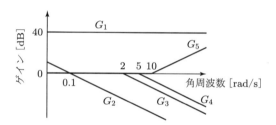

図 6.26 $G_1(s) \sim G_5(s)$ に分解したゲイン特性曲線

比例要素 $G_1(s) = K$ のゲインは 40 dB なので,

$$20 \log_{10} K = 40 = 20 \log_{10} 10^2 \tag{6.45}$$

から, $K = 100$ と求められる. 積分要素 $G_2(s) = \dfrac{1}{T_2 s}$ は, 横軸切片の角周波数が 0.1 rad/s なので, $T_2 = 10$ である. 1 次遅れ要素 $G_3(s), G_4(s)$ と 1 次進み要素 $G_5(s)$ それぞれの折れ点角周波数が 2, 5, 10 rad/s なので, $T_3 = 0.5$, $T_4 = 0.2$, $T_5 = 0.1$ であることはすぐにわかる.

したがって, 求める伝達関数はつぎのようになる.

$$
\begin{aligned}
G(s) &= G_1(s) G_2(s) G_3(s) G_4(s) G_5(s) \\
&= 100 \times \frac{1}{10s} \times \frac{1}{1 + 0.5s} \times \frac{1}{1 + 0.2s} \times \frac{1 + 0.1s}{1} = \frac{10(1 + 0.1s)}{s(1 + 0.5s)(1 + 0.2s)} \\
&= \frac{10(s + 10)}{s(s + 2)(s + 5)}
\end{aligned}
\tag{6.46} \blacktriangleleft
$$

解説

式 (6.46) のように伝達関数を $G(s) = \dfrac{b(s)}{a(s)}$ で表すとき，$a(s) = 0$ の根を極，$b(s) = 0$ の根を零点という．6.2 節で伝達関数を推定するにあたって，「すべての極と零点は複素平面上の右半平面には存在しない」という条件を設けた．それはこの条件を設けなければ，ゲイン特性曲線から一意に伝達関数を推定できないからである．

いま，同じ安定な極をもちながらも，零点が虚軸対称な二つの伝達関数を考えよう．たとえば，$G_1(s) = \dfrac{1+Ts}{a(s)}$ と $G_2(s) = \dfrac{1-Ts}{a(s)}$ である．$T > 0$ とすれば，$G_1(s)$ は安定な零点，$G_2(s)$ は不安定な零点をもつ．

さて，周波数伝達関数 $G_1(j\omega)$ と $G_2(j\omega)$ のゲインはそれぞれ，

$$|G_1(j\omega)| = \frac{|1+jT\omega|}{|a(j\omega)|} = \frac{\sqrt{1+(T\omega)^2}}{|a(j\omega)|} \tag{6.47}$$

$$|G_2(j\omega)| = \frac{|1-jT\omega|}{|a(j\omega)|} = \frac{\sqrt{1+(T\omega)^2}}{|a(j\omega)|} \tag{6.48}$$

で計算され，また，位相は

$$\angle G_1(j\omega) = \angle(1+jT\omega) - \angle a(j\omega) \tag{6.49}$$

$$\angle G_2(j\omega) = \angle(1-jT\omega) - \angle a(j\omega) \tag{6.50}$$

で計算される．式 (6.47)〜(6.50) から，ゲインは同じで位相が異なることがわかる．すなわち，ゲイン特性曲線だけからでは，一意に伝達関数を推定できない．これを避けるには，同時に位相特性曲線も与えるか，それとも，「すべての極と零点は複素平面上の右半平面には存在しない」という条件を設けるかである．6.2 節では，後者の立場をとった．

具体的な数値を使って確認しよう．つぎの二つの伝達関数を考える．

$$G_1(s) = \frac{1+s}{s^2+5s+6}, \qquad G_2(s) = \frac{1-s}{s^2+5s+6} \tag{6.51}$$

これらの周波数伝達関数は，

$$G_1(j\omega) = \frac{1+j\omega}{(j\omega)^2+j5\omega+6} = \frac{1+j\omega}{6-\omega^2+j5\omega} \tag{6.52}$$

$$G_2(j\omega) = \frac{1-j\omega}{(j\omega)^2+j5\omega+6} = \frac{1-j\omega}{6-\omega^2+j5\omega} \tag{6.53}$$

となるから，ゲインはそれぞれ，つぎのように計算される．

$$|G_1(j\omega)| = \frac{\sqrt{1+\omega^2}}{\sqrt{(6-\omega^2)^2+(5\omega)^2}} \tag{6.54}$$

$$|G_2(j\omega)| = \frac{\sqrt{1+\omega^2}}{\sqrt{(6-\omega^2)^2+(5\omega)^2}} \tag{6.55}$$

また，位相はそれぞれ，つぎのように計算される.

$$\angle G_1(j\omega) = \angle(1 + j\omega) - \angle(6 - \omega^2 + j5\omega) \tag{6.56}$$

$$\angle G_2(j\omega) = \angle(1 - j\omega) - \angle(6 - \omega^2 + j5\omega) \tag{6.57}$$

よって，ゲインは同じだが，位相は異なることわかる.

位相について，つぎの二つの場合について調べる.

(1) $\omega \ll 1$ のとき：

$$\angle G_1(j\omega) = \angle 1 - \angle 6 = 0 - 0 = 0\,[\deg] \tag{6.58}$$

$$\angle G_2(j\omega) = \angle 1 - \angle 6 = 0 - 0 = 0\,[\deg] \tag{6.59}$$

(2) $\omega \gg 1$ のとき：

$$\angle G_1(j\omega) = \angle j\omega - \angle(-\omega^2) = 90 - 180 = -90\,[\deg] \tag{6.60}$$

$$\angle G_2(j\omega) = \angle(-j\omega) - \angle(-\omega^2) = -90 - 180 = -270\,[\deg] \tag{6.61}$$

不安定零点をもつ $G_2(j\omega)$ は，$G_1(j\omega)$ に比べて位相が遅れることがわかる. 二つの周波数伝達関数のボード線図を図 6.27 に示す.

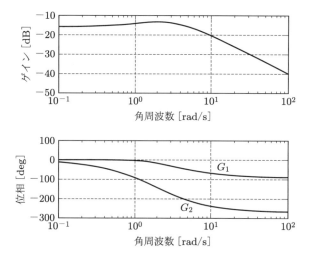

図 6.27　周波数伝達関数 $G_1(j\omega)$ と $G_2(j\omega)$ のボード線図

一般的に，同じゲインをもつ伝達関数の中で，零点が安定な伝達関数の位相が一番遅れないことを示すことができる. この意味から，安定な零点をもつ伝達関数を最小位相であるといい，最小位相な伝達関数であるシステムを最小位相系とよぶ. これに対して，不安定な零点をもつ伝達関数を非最小位相であるといい，非最小位相な伝達関数であるシステムを非最小位相系とよぶ.

第7章

過渡特性

基本 2次遅れ要素の標準形

$$G(s) = \frac{\omega_n{}^2}{s^2 + 2\zeta\omega_n s + \omega_n{}^2} \tag{7.1}$$

ただし，$0 < \zeta < 1$ の場合の単位ステップ応答を求めよう．

入力 $u(t)$ は単位ステップ関数であるから，そのラプラス変換は $U(s) = \dfrac{1}{s}$ である．よって，単位ステップ応答のラプラス変換は

$$Y(s) = G(s)U(s) = \frac{\omega_n{}^2}{s(s^2 + 2\zeta\omega_n s + \omega_n{}^2)} \tag{7.2}$$

で与えられる．上式を逆ラプラス変換するために部分分数に分解しよう．

式 (7.2) を

$$Y(s) = \frac{1}{s} - \frac{s + 2\zeta\omega_n}{s^2 + 2\zeta\omega_n s + \omega_n{}^2} \tag{7.3}$$

と書けることはすぐにわかる．上式の右辺第2項を

$$\text{右辺第2項} = \frac{s + 2\zeta\omega_n}{(s + \zeta\omega_n)^2 + \omega_n{}^2(1 - \zeta^2)} \tag{7.4}$$

のように表現すれば，ラプラス変換表より

$$\mathcal{L}^{-1}\left[\frac{s + a}{(s + a)^2 + \omega^2}\right] = e^{-at}\cos\omega t \tag{7.5}$$

$$\mathcal{L}^{-1}\left[\frac{\omega}{(s + a)^2 + \omega^2}\right] = e^{-at}\sin\omega t \tag{7.6}$$

の適用ができることに気づく．

式 (7.4) を変形するにあたり，簡単のために

$$\omega_o = \omega_n\sqrt{1 - \zeta^2} \tag{7.7}$$

とおくと，

$$\frac{s + 2\zeta\omega_n}{(s + \zeta\omega_n)^2 + \omega_o{}^2} = \frac{(s + \zeta\omega_n) + \zeta\omega_n}{(s + \zeta\omega_n)^2 + \omega_o{}^2}$$

$$= \frac{(s + \zeta\omega_n)}{(s + \zeta\omega_n)^2 + \omega_o{}^2} + \frac{\zeta\omega_n}{\omega_o} \cdot \frac{\omega_o}{(s + \zeta\omega_n)^2 + \omega_o{}^2} \tag{7.8}$$

となるので，上式を考慮して式 (7.3) を逆ラプラス変換することで，

$$y(t) = 1 - e^{-\zeta\omega_n t}\cos\omega_o t - \frac{\zeta\omega_n}{\omega_o}e^{-\zeta\omega_n t}\sin\omega_o t \tag{7.9}$$

を得る．式 (7.7) を式 (7.9) に代入して

$$y(t) = 1 - e^{-\zeta\omega_n t}\left(\cos\omega_n\sqrt{1-\zeta^2}t + \frac{\zeta}{\sqrt{1-\zeta^2}}\sin\omega_n\sqrt{1-\zeta^2}t\right)$$

$$= 1 - \frac{1}{\sqrt{1-\zeta^2}}e^{-\zeta\omega_n t}(\sqrt{1-\zeta^2}\cos\omega_n\sqrt{1-\zeta^2}t + \zeta\sin\omega_n\sqrt{1-\zeta^2}t) \tag{7.10}$$

と書くことができる．そこで，図 7.1 のように φ を定義すると，式 (7.10) は

$$y(t) = 1 - \frac{1}{\sqrt{1-\zeta^2}}e^{-\zeta\omega_n t}(\sin\varphi\cos\omega_n\sqrt{1-\zeta^2}t + \cos\varphi\sin\omega_n\sqrt{1-\zeta^2}t)$$

$$= 1 - \frac{1}{\sqrt{1-\zeta^2}}e^{-\zeta\omega_n t}\sin(\omega_n\sqrt{1-\zeta^2}t + \varphi) \tag{7.11}$$

となる．ただし，次式となる．

$$\varphi = \tan^{-1}\frac{\sqrt{1-\zeta^2}}{\zeta} \tag{7.12}$$

応答波形を図 7.2 に示す．

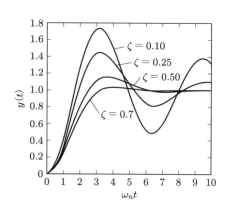

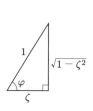

図 7.1 角 φ の定義　　図 7.2 2 次遅れ要素標準形の単位ステップ応答

7.1 ☐ 2次遅れ要素の最大行き過ぎ量と行き過ぎ時間を求める

演習 7.1 ▷ 2次遅れ要素ステップ応答の最大値 1

2次遅れ要素の標準形

$$G(s) = \frac{{\omega_n}^2}{s^2 + 2\zeta\omega_n s + {\omega_n}^2} \tag{7.1 再掲}$$

ただし，$0 < \zeta < 1$ の場合の単位ステップ応答は

$$y(t) = 1 - \frac{1}{\sqrt{1-\zeta^2}} e^{-\zeta\omega_n t} \sin(\omega_n\sqrt{1-\zeta^2}t + \varphi) \tag{7.11 再掲}$$

$$\varphi = \tan^{-1}\frac{\sqrt{1-\zeta^2}}{\zeta} \tag{7.12 再掲}$$

で与えられる．最大値を求めよ．

解　式 (7.11) を微分すると，つぎのようになる．

$$\begin{aligned}
\frac{dy(t)}{dt} &= -\frac{1}{\sqrt{1-\zeta^2}}(e^{-\zeta\omega_n t})' \sin(\omega_n\sqrt{1-\zeta^2}t + \varphi) \\
&\quad - \frac{1}{\sqrt{1-\zeta^2}} e^{-\zeta\omega_n t}\{\sin(\omega_n\sqrt{1-\zeta^2}t + \varphi)\}' \\
&= \frac{\zeta\omega_n}{\sqrt{1-\zeta^2}} e^{-\zeta\omega_n t}\sin(\omega_n\sqrt{1-\zeta^2}t + \varphi) - \omega_n e^{-\zeta\omega_n t}\cos(\omega_n\sqrt{1-\zeta^2}t + \varphi)
\end{aligned} \tag{7.13}$$

$\dfrac{dy(t)}{dt} = 0$ から，次式を得る．

$$\frac{\zeta}{\sqrt{1-\zeta^2}}\sin(\omega_n\sqrt{1-\zeta^2}t + \varphi) = \cos(\omega_n\sqrt{1-\zeta^2}t + \varphi) \tag{7.14}$$

ゆえに

$$\tan(\omega_n\sqrt{1-\zeta^2}t + \varphi) = \frac{\sqrt{1-\zeta^2}}{\zeta} \tag{7.15}$$

となる．ところで，上式の右辺は式 (7.12) から

$$\tan(\omega_n\sqrt{1-\zeta^2}t + \varphi) = \frac{\sqrt{1-\zeta^2}}{\zeta} = \tan\varphi \tag{7.16}$$

となることがわかる．したがって，上式を満たす条件式は

$$\omega_n\sqrt{1-\zeta^2}t = n\pi, \quad n = 0, 1, 2, \ldots \tag{7.17}$$

となる．すなわち，極値を与える時間 t_p はつぎのように表せる．

$$t_p = \frac{n\pi}{\omega_n\sqrt{1-\zeta^2}}, \quad n = 0, 1, 2, \ldots \tag{7.18}$$

以上の考察から，ステップ応答の波形は図 7.3 のようになる．

図 7.3 における極値は，次式である．

$$y(t_p) = 1 - \frac{1}{\sqrt{1-\zeta^2}} e^{-\zeta\omega_n t_p} \sin(\omega_n\sqrt{1-\zeta^2}\, t_p + \varphi)$$

$$= 1 - \frac{1}{\sqrt{1-\zeta^2}} \exp\left(-\frac{n\pi\zeta}{\sqrt{1-\zeta^2}}\right) \sin(n\pi + \varphi) \tag{7.19}$$

ここで，上式の右辺の正弦関数は加法定理から

$$\sin(n\pi + \varphi) = \sin n\pi \cos \varphi + \cos n\pi \sin \varphi \tag{7.20}$$

となる．式 (7.12) は，三角形の関係から

$$\cos\varphi = \zeta, \qquad \sin\varphi = \sqrt{1-\zeta^2} \tag{7.21}$$

であり，また，

$$\left.\begin{array}{ll} \sin n\pi = 0, & \cos n\pi = (-1)^n, \\ n = 0, 1, 2, \ldots \end{array}\right\} \tag{7.22}$$

である．式 (7.21) と式 (7.22) を式 (7.20) に代入して

$$\sin(n\pi + \varphi) = (-1)^n \sqrt{1-\zeta^2} \tag{7.23}$$

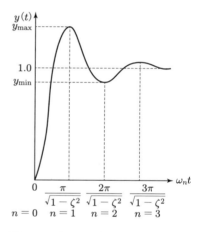

図 7.3 2 次遅れ要素標準形の単位ステップ応答

を得る．したがって，式 (7.19) はつぎのように書くことができる．

$$y(t_p) = 1 - (-1)^n \exp\left(-\frac{n\pi\zeta}{\sqrt{1-\zeta^2}}\right), \quad n = 0, 1, 2, \ldots \tag{7.24}$$

単位ステップ応答の最大値は図 7.3 において $n = 1$ のときなので，式 (7.24) から，

$$y(T_p) = 1 + \exp\left(-\frac{\pi\zeta}{\sqrt{1-\zeta^2}}\right) \tag{7.25}$$

と求められる． ◀

　解説

　式 (7.25) は，2 次遅れ要素標準形の単位ステップ応答における最大値である．これから定常値である 1 を引いて，

$$y(T_p) - 1 = \exp\left(-\frac{\pi\zeta}{\sqrt{1-\zeta^2}}\right) \tag{7.26}$$

のように記述することが多い．これを最大行き過ぎ量といい，減衰係数 ζ のみの関数として記述できていることが特徴である．

また，最大行き過ぎ量となる時間である，行き過ぎ時間 T_p は，式 (7.18) に $n=1$ を代入して次式となる．

$$T_p = \frac{\pi}{\omega_n\sqrt{1-\zeta^2}} \tag{7.27}$$

演習 7.2 ▷ 2次遅れ要素ステップ応答の最大値 2

2次遅れ要素の標準形

$$G(s) = \frac{{\omega_n}^2}{s^2 + 2\zeta\omega_n s + {\omega_n}^2} \tag{7.1 再掲}$$

の単位ステップ応答の最大値を，$\zeta = 0.1, 0.25, 0.5, 0.7$ のそれぞれの場合において計算せよ．ただし，$\omega_n = 1.0$ とする．

解 最大値となる時間は演習 7.1 で求めており，

$$T_p = \frac{\pi}{\omega_n\sqrt{1-\zeta^2}} \tag{7.27 再掲}$$

である．また，最大行き過ぎ量はつぎのようになる．

$$y(T_p) - 1 = \exp\left(-\frac{\pi\zeta}{\sqrt{1-\zeta^2}}\right) \tag{7.26 再掲}$$

式 (7.27) に $\omega_n = 1.0$ を代入すると，

$$T_p = \frac{\pi}{\sqrt{1-\zeta^2}} \tag{7.28}$$

となる．さて，$\zeta = 0.1$ のとき，行き過ぎ時間は式 (7.28) から

$$T_p = \frac{\pi}{\sqrt{1-0.1^2}} = \frac{\pi}{0.9950} = 3.157 \tag{7.29}$$

となる．また，最大行き過ぎ量は，式 (7.26) から

$$\exp\left(-\frac{\pi\zeta}{\sqrt{1-\zeta^2}}\right) = \exp\left(-\frac{0.1\pi}{0.9950}\right) = 0.7293 \tag{7.30}$$

と計算される．最大行き過ぎ量を表す際には，定常値からの行き過ぎ量をパーセント表現す

ることがある．その場合は，72.93% となる．

$\zeta = 0.25$ のときは，行き過ぎ時間は式 (7.28) から

$$T_p = \frac{\pi}{\sqrt{1 - 0.25^2}} = \frac{\pi}{0.9682} = 3.245 \tag{7.31}$$

となる．また，最大行き過ぎ量は，式 (7.26) から

$$\exp\left(-\frac{\pi\zeta}{\sqrt{1 - \zeta^2}}\right) = \exp\left(-\frac{0.25\pi}{0.9682}\right) = 0.4443 \tag{7.32}$$

と計算され，44.43% と求められる．

同様に，$\zeta = 0.5$ のときは，式 (7.28) と式 (7.26) から，

$$T_p = \frac{\pi}{\sqrt{1 - 0.5^2}} = \frac{\pi}{0.8660} = 3.628 \tag{7.33}$$

$$\exp\left(-\frac{0.5\pi}{0.8660}\right) = 0.1630 \tag{7.34}$$

また，$\zeta = 0.7$ のときは

$$T_p = \frac{\pi}{\sqrt{1 - 0.7^2}} = \frac{\pi}{0.7141} = 4.399 \tag{7.35}$$

$$\exp\left(-\frac{0.57\pi}{0.7141}\right) = 0.0460 \tag{7.36}$$

と計算され，それぞれ，16.30%，4.60% となる．

　減衰係数 ζ の値が大きくなるに従って，行き過ぎ時間は遅れ，最大行き過ぎ量は小さくなることがわかる．これは，図 7.2 に示す単位ステップ応答波形からも確認できる． ◀

演習 7.3 ▷ 2 次遅れ要素ステップ応答の減衰比

　2 次遅れ要素の標準形

$$G(s) = \frac{\omega_n^2}{s^2 + 2\zeta\omega_n s + \omega_n^2} \tag{7.1 再掲}$$

ただし，$0 < \zeta < 1$ の単位ステップ応答において，行き過ぎ量の隣り合う山の比を ζ の関数で表せ．

解　演習 7.1 における検討から，極値を与える時間 t_p は

$$t_p = \frac{n\pi}{\omega_n\sqrt{1 - \zeta^2}}, \quad n = 0, 1, 2, \ldots \tag{7.18 再掲}$$

で表すことができ，そのときの極値はつぎのように書くことができる．

$$y(t_p) = 1 - (-1)^n \exp\left(-\frac{n\pi\zeta}{\sqrt{1 - \zeta^2}}\right), \quad n = 0, 1, 2, \ldots \tag{7.24 再掲}$$

単位ステップ応答の最大値は図 7.3 における一つ目の山であるから，式 (7.18) と式 (7.24) で $n = 1$ とおいて，最大値となる時間 T_p と最大行き過ぎ量 $y(T_p) - 1$ はつぎのようになる.

$$T_p = \frac{\pi}{\omega_n \sqrt{1 - \zeta^2}} \tag{7.27 再掲}$$

$$y(T_p) - 1 = \exp\left(-\frac{\pi\zeta}{\sqrt{1 - \zeta^2}}\right) \tag{7.26 再掲}$$

二つ目の山は $n = 3$ のときであるから，式 (7.18) と式 (7.24) で $n = 3$ とおいて，二つ目の山の頂点となる時間と行き過ぎ量は

$$t_p = \frac{3\pi}{\omega_n \sqrt{1 - \zeta^2}} \tag{7.37}$$

$$y(t_p) - 1 = \exp\left(-\frac{3\pi\zeta}{\sqrt{1 - \zeta^2}}\right) \tag{7.38}$$

となる. 同様に，三つ目の山は $n = 5$ のときであるから，つぎのようになる.

$$t_p = \frac{5\pi}{\omega_n \sqrt{1 - \zeta^2}} \tag{7.39}$$

$$y(t_p) - 1 = \exp\left(-\frac{5\pi\zeta}{\sqrt{1 - \zeta^2}}\right) \tag{7.40}$$

さて，$n = 1$ と $n = 3$ の比は，

$$\exp\left(-\frac{3\pi\zeta}{\sqrt{1 - \zeta^2}}\right) \Big/ \exp\left(-\frac{\pi\zeta}{\sqrt{1 - \zeta^2}}\right) = \exp\left(-\frac{2\pi\zeta}{\sqrt{1 - \zeta^2}}\right) \tag{7.41}$$

となり，また，$n = 3$ と $n = 5$ の比は，

$$\exp\left(-\frac{5\pi\zeta}{\sqrt{1 - \zeta^2}}\right) \Big/ \exp\left(-\frac{3\pi\zeta}{\sqrt{1 - \zeta^2}}\right) = \exp\left(-\frac{2\pi\zeta}{\sqrt{1 - \zeta^2}}\right) \tag{7.42}$$

となる. したがって，行き過ぎ量の隣り合う山の比はつぎのように表される.

$$\exp\left(-\frac{2\pi\zeta}{\sqrt{1 - \zeta^2}}\right) \tag{7.43}$$

たとえば，$\zeta = 0.1$ のとき，行き過ぎ量の隣り合う山の比は

$$\exp\left(-\frac{2\pi \times 0.1}{\sqrt{1 - 0.1^2}}\right) = \exp\left(-\frac{0.2\pi}{0.9950}\right) = 0.5318 \tag{7.44}$$

となり，$\zeta = 0.25$ のとき，行き過ぎ量の隣り合う山の比はつぎのようになる.

$$\exp\left(-\frac{2\pi \times 0.25}{\sqrt{1 - 0.25^2}}\right) = \exp\left(-\frac{0.5\pi}{0.9682}\right) = 0.1974 \tag{7.45}$$ ◀

演習 7.4 ▷ 2 次遅れ要素ステップ応答の最大行き過ぎ量

標準形

$$G(s) = \frac{\omega_n{}^2}{s^2 + 2\zeta\omega_n s + \omega_n{}^2} \tag{7.1 再掲}$$

で表されている 2 次遅れ要素において，単位ステップ応答の最大行き過ぎ量が 25%
であるときの減衰係数 ζ と共振値 M_p の値はいくらか.

解 最大行き過ぎ量は

$$y(T_p) - 1 = \exp\left(-\frac{\pi\zeta}{\sqrt{1-\zeta^2}}\right) \tag{7.26 再掲}$$

であるから，題意より

$$\exp\left(-\frac{\pi\zeta}{\sqrt{1-\zeta^2}}\right) = 0.25 \tag{7.46}$$

が成り立つ．上式の両辺の自然対数をとれば，

$$-\frac{\pi\zeta}{\sqrt{1-\zeta^2}} = \ln 0.25 = -1.3863 \tag{7.47}$$

となる．上式は

$$\frac{\zeta}{\sqrt{1-\zeta^2}} = \frac{1.3863}{\pi} = 0.4413 \tag{7.48}$$

と書き直すことができる．上式の両辺を 2 乗すると，

$$\frac{\zeta^2}{1-\zeta^2} = 0.4413^2 = 0.1947 \tag{7.49}$$

となる．上式を $\zeta > 0$ の条件で解いて次式を得る.

$$\zeta = 0.4037 \tag{7.50}$$

共振値は

$$M_p = \frac{1}{2\zeta\sqrt{1-\zeta^2}} \tag{7.51}$$

で求められる．上式に式 (7.50) を代入して次式を得る.

$$M_p = \frac{1}{2 \times 0.4037\sqrt{1-0.4037^2}} = \frac{1}{0.8074 \times 0.9149} = 1.354 \tag{7.52}◀$$

7.2 ☐ 指定の最大行き過ぎ量を実現する制御系を設計する

演習 7.5 ▷ 最大行き過ぎ量と固有角周波数の指定

　図 7.4 に示すフィードバック制御系がある. $K = 10$ として, 目標値 $R(s)$ をステップ状に変化せた. このとき, 最大行き過ぎ量が 16%, 固有角周波数が 10 rad/s となるように, パラメータ c_0, c_1 を決定せよ.

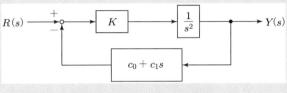

図 7.4 フィードバック制御系 1

解 目標値 $R(s)$ から制御量 $Y(s)$ までの閉ループ伝達関数は

$$\frac{Y(s)}{R(s)} = \frac{\dfrac{K}{s^2}}{1 + \dfrac{K}{s^2}(c_0 + c_1 s)} = \frac{K}{s^2 + K c_1 s + K c_0} \tag{7.53}$$

と計算される. 閉ループ系の特性方程式は, 式 (7.53) の分母多項式に $K = 10$ を代入して

$$s^2 + 10 c_1 s + 10 c_0 = 0 \tag{7.54}$$

である. 上式と

$$s^2 + 2\zeta\omega_n s + \omega_n{}^2 = 0 \tag{7.55}$$

の係数を比較することにより, 次式を得る.

$$2\zeta\omega_n = 10 c_1 \tag{7.56}$$

$$\omega_n{}^2 = 10 c_0 \tag{7.57}$$

　固有角周波数を $\omega_n = 10$ にするには, 式 (7.57) から

$$c_0 = 10 \tag{7.58}$$

にすればよいことはすぐにわかる. 残りのパラメータ c_1 を式 (7.56) から求めるには, まず, 減衰係数 ζ の値を求めなくてはならない.

　2 次遅れ要素標準形の最大行き過ぎ量は

$$y(T_p) - 1 = \exp\left(-\frac{\pi\zeta}{\sqrt{1 - \zeta^2}}\right) \tag{7.26 再掲}$$

のように，減衰係数 ζ $(0 < \zeta < 1)$ のみの関数として記述される．したがって，最大行き過ぎ量を 16% とするには

$$\exp\left(-\frac{\pi\zeta}{\sqrt{1-\zeta^2}}\right) = 0.16 \tag{7.59}$$

を満たす ζ を求めればよいことになる．式 (7.59) はつぎのように変形できる．

$$-\frac{\pi\zeta}{\sqrt{1-\zeta^2}} = \ln 0.16 = -1.8326$$

$$\therefore \ \frac{\zeta}{\sqrt{1-\zeta^2}} = \frac{1.8326}{\pi} = 0.5833 \tag{7.60}$$

上式の両辺をそれぞれ 2 乗した

$$\frac{\zeta^2}{1-\zeta^2} = 0.5833^2 = 0.3402 \tag{7.61}$$

を $\zeta > 0$ の条件で解くことで

$$\zeta = 0.5038 \tag{7.62}$$

となる．よって，式 (7.56) からつぎのように決定される．

$$2 \times 0.5038 \times 10 = 10c_1$$

$$\therefore \ c_1 = 2 \times 0.5038 = 1.008 \tag{7.63} \blacktriangleleft$$

演習 7.6 ▷ **減衰係数と最大行き過ぎ量の指定**

　図 7.5 に示すフィードバック制御系において，$K > 0, T > 0$ とする．

(1) 減衰係数を 0.2 から 0.6 にするには，K の値を何倍にすればよいか．

(2) 目標値をステップ状に変化させたときの最大行き過ぎ量を 80% から 20% にするには，K の値を何倍にすればよいか．

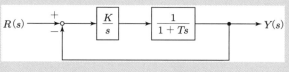

図 7.5 フィードバック制御系 2

解 目標値 $R(s)$ から制御量 $Y(s)$ までの閉ループ伝達関数は

$$\frac{Y(s)}{R(s)} = \frac{\dfrac{K}{s(1+Ts)}}{1+\dfrac{K}{s(1+Ts)}} = \frac{\dfrac{K}{T}}{s^2 + \dfrac{1}{T}s + \dfrac{K}{T}} \tag{7.64}$$

と計算される. 閉ループ系の特性方程式

$$s^2 + \frac{1}{T}s + \frac{K}{T} = 0 \tag{7.65}$$

と

$$s^2 + 2\zeta\omega_n s + \omega_n{}^2 = 0 \tag{7.55 再掲}$$

の係数を比較することにより,

$$\omega_n = \sqrt{\frac{K}{T}} \tag{7.66}$$

$$2\zeta\omega_n = \frac{1}{T} \tag{7.67}$$

を得る. 式 (7.66) を式 (7.67) に代入して K について解くと, つぎのようになる.

$$K = \frac{1}{4\zeta^2 T} \tag{7.68}$$

(1) $\zeta = 0.2$ のとき

$$K_1 = \frac{1}{4 \times 0.2^2 \times T} = \frac{1}{0.16T} \tag{7.69}$$

$\zeta = 0.6$ のとき

$$K_2 = \frac{1}{4 \times 0.6^2 \times T} = \frac{1}{1.44T} \tag{7.70}$$

であるから,

$$\frac{K_2}{K_1} = \frac{1}{1.44T} \times \frac{0.16T}{1} = 0.111 \tag{7.71}$$

すなわち, 0.111 倍と求められる.

(2) まず, 最大行き過ぎ量を 80% とする減衰係数 ζ を求めるには, 式 (7.26) から, 次式を満たす ζ を計算すればよい.

$$\exp\left(-\frac{\pi\zeta}{\sqrt{1-\zeta^2}}\right) = 0.8 \tag{7.72}$$

上式はつぎのように変形できる.

$$-\frac{\pi\zeta}{\sqrt{1-\zeta^2}} = \ln 0.8 = -0.2231$$

$$\therefore \frac{\zeta}{\sqrt{1-\zeta^2}} = \frac{0.2231}{\pi} = 0.07101 \tag{7.73}$$

上式の両辺をそれぞれ 2 乗した

$$\frac{\zeta^2}{(1 - \zeta^2)} = 0.07101^2 = 5.042 \times 10^{-3} \tag{7.74}$$

を $\zeta > 0$ の条件で解くことでつぎのようになる.

$$\zeta = 0.0708 \tag{7.75}$$

　最大行き過ぎ量を 20% とする減衰係数 ζ も同様に計算してつぎのようになる.

$$\zeta = 0.4558 \tag{7.76}$$

　式 (7.68) を用いて，$\zeta = 0.0708$ のとき

$$K_1 = \frac{1}{4 \times 0.0708^2 \times T} = \frac{1}{0.02005T} \tag{7.77}$$

$\zeta = 0.4558$ のとき

$$K_2 = \frac{1}{4 \times 0.4558^2 \times T} = \frac{1}{0.8310T} \tag{7.78}$$

であるから，

$$\frac{K_2}{K_1} = \frac{1}{0.8310T} \times \frac{0.02005T}{1} = 0.02413 \tag{7.79}$$

と求められる．すなわち，0.02413 倍にすればよい. ◀

第8章
システムの安定判別

基本

● ラウス‐フルビッツの安定判別法

特性方程式の係数を用いて四則演算をすることでラウス表を作成する．作成途中で，ある行のすべての要素を同じ数で割ってもよい．

① 安定であるための必要条件：特性方程式の係数がすべて正であること．

② 安定であるための必要十分条件：ラウス表の最左端の列のすべての要素が正であること．

③ 上記②で上から順に符号を調べるとき，符号反転の回数が不安定な特性根の数に等しい．

特殊な場合：ある行のすべての要素がゼロとなる場合は，一つ前の行から多項式 $P(s)$ を構成する．この多項式を s で微分し，その係数を使ってすべての要素がゼロとなった行を作る．要因となった特性根は，補助方程式 $P(s) = 0$ で求めることができる．

ある行の第1列の要素がゼロとなる場合は，ゼロの要素を微小量 $\varepsilon > 0$ に置き換えて計算を進める．

● ナイキストの安定判別法

フィードバック制御系の一巡周波数伝達関数のベクトル軌跡が $-1 + j0$ を左にみて実軸を横切るならば制御系は安定，右にみるならば不安定，真上を通過するならば安定限界と判定する．たとえば，図8.1に示すベクトル軌跡は，$-1 + j0$ を左にみて実軸を横切っているので制御系は安定である．安定度を，図8.1を用いて以下のように定義する．

ゲイン余裕 g_m：

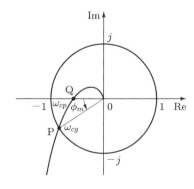

図 8.1　ゲイン余裕と位相余裕

$$g_m = 20 \log_{10} \frac{1}{OQ} \, [\text{dB}] \tag{8.1}$$

$$g_m = -g(\omega_{cp}) \tag{8.2}$$

位相余裕 ϕ_m：

$$\phi_m = \theta(\omega_{cg}) - (-\pi)\ [\mathrm{rad}] \tag{8.3}$$

$$\phi_m = \theta(\omega_{cg}) - (-180)\ [\mathrm{deg}] \tag{8.4}$$

ゲイン余裕と位相余裕は，経験的に表 8.1 に示す値がよいとされている．

表 8.1　ゲイン余裕と位相余裕の値

制御系	ゲイン余裕	位相余裕
定値制御（プロセス系）	3〜10 dB	20° 以上
追従制御（サーボ系）	10〜20 dB	40〜60°

8.1 ▢ 制御系を安定にする制御パラメータの条件を求める

演習 8.1 ▷ パラメータ K と制御系の安定性 1

フィードバック制御系の特性方程式が

$$s^3 + 30s^2 + 650s + 700K = 0 \tag{8.5}$$

で与えられている．ここで，K は制御パラメータである．この制御系を安定にする K の条件をラウス‐フルビッツの安定判別法を用いて求めよ．

解 ラウス表はつぎのようになる．

s^3 行 　　　 1 　　　 650 　　 0
s^2 行 　　 30 　　 $700K$
s^1 行 　 $\dfrac{1950 - 70K}{3}$ 　 0
s^0 行 　　 $700K$

制御系が安定となるための必要十分条件は，ラウス表の最左端の列のすべての要素が正となることである．すなわち，

$$1950 - 70K > 0 \tag{8.6}$$

$$700K > 0 \tag{8.7}$$

を同時に満足する K の条件を求めればよい．式 (8.6) と式 (8.7) からつぎのようになる．

$$0 < K < 27.86 \tag{8.8} ◀$$

演習 8.2 ▷ パラメータ *K* と制御系の安定性 2

フィードバック制御系の特性方程式が

$$s^3 + s^2 + (4K - 2)s + 6 - 5K = 0 \tag{8.9}$$

で与えられている．この制御系を安定にする *K* の条件を求めよ．

解 ラウス表はつぎのようになる．

s^3 行	1	$4K - 2$	0
s^2 行	1	$6 - 5K$	
s^1 行	$9K - 8$	0	
s^0 行	$6 - 5K$		

制御系が安定となるための必要十分条件は，ラウス表の最左端の列のすべての要素が正となることである．すなわち，

$$9K - 8 > 0 \tag{8.10}$$

$$6 - 5K > 0 \tag{8.11}$$

を同時に満足する *K* の条件を求めればよい．式 (8.10) と式 (8.11) からつぎのようになる．

$$\frac{8}{9} < K < \frac{6}{5} \tag{8.12}◀$$

解説

制御系が安定となるための必要条件は，特性方程式の係数のすべてが正となることである．すなわち，$4K - 2 > 0$ と $6 - 5K > 0$ から

$$\frac{1}{2} < K < \frac{6}{5} \tag{8.13}$$

となる．必要十分条件から求めた式 (8.12) は，式 (8.13) を満たしている．

式 (8.12) に示す条件であれば，制御系は安定である．では，$K = \frac{8}{9}$ と $K = \frac{6}{5}$ のときの特性根はどのような値なのかを調べることにする．

$K = \frac{8}{9}$ のとき，補助方程式は

$$s^2 + \frac{14}{9} = 0 \tag{8.14}$$

となり，特性方程式 (8.9) は

$$s^3 + s^2 + \frac{14}{9}s + \frac{14}{9} = 0 \tag{8.15}$$

となる．上式を因数分解すると，

$$s^3 + s^2 + \frac{14}{9}s + \frac{14}{9} = \left(s^2 + \frac{14}{9}\right)(s+1) = 0 \tag{8.16}$$

となるので，特性根として，共役純虚数 $\lambda_{1,2} = \pm j\frac{\sqrt{14}}{3}$ と安定な実数 $\lambda_3 = -1$ をもつ，安定限界なシステムであることがわかる．

同様に，$K = \frac{6}{5}$ のとき，補助方程式と特性方程式はそれぞれつぎのようになる．

$$\frac{14}{5}s = 0 \tag{8.17}$$

$$s^3 + s^2 + \frac{14}{5}s = 0 \tag{8.18}$$

特性方程式 (8.18) は

$$s\left(s^2 + s + \frac{14}{5}\right) = 0 \tag{8.19}$$

に因数分解されるので，特性根として，原点 $\lambda_1 = 0$ と安定な共役複素数 $\lambda_{2,3} = -\frac{1}{2} \pm j\frac{1}{2}\sqrt{\frac{51}{5}}$ をもつ，無定位系であることがわかる．

演習 8.3 ▷ パラメータ K と制御系の安定性 3

フィードバック制御系の特性方程式が

$$s^4 + 2s^3 + 5s^2 + (K+5)s + 2K = 0 \tag{8.20}$$

で与えられている．この制御系を安定にする K の条件を求めよ．

解 ラウス表はつぎのようになる．

s^4 行	1	5	$2K$
s^3 行	2	$K+5$	0
s^2 行	$\dfrac{5-K}{2}$	$2K$	
s^1 行	$\dfrac{-K^2 - 8K + 25}{5-K}$	0	
s^0 行	$2K$		

制御系が安定となるための必要十分条件は，ラウス表の最左端の列のすべての要素が正となることである．すなわち，

$$5 - K > 0 \tag{8.21}$$

$$-K^2 - 8K + 25 > 0 \tag{8.22}$$

$$2K > 0 \tag{8.23}$$

を同時に満足する K の条件を求めればよい．式 (8.21) と式 (8.23) から

$$0 < K < 5 \tag{8.24}$$

となる．また，式 (8.22) を解いて，

$$-10.403 < K < 2.403 \tag{8.25}$$

を得る．よって，式 (8.24) と式 (8.25) から，求める条件はつぎのようになる．

$$0 < K < 2.403 \tag{8.26}◀$$

演習 8.4 ▷ パラメータ K と制御系の安定性 4

フィードバック制御系の特性方程式が

$$s^4 + 20Ks^3 + 5s^2 + (K + 10)s + 15 = 0 \tag{8.27}$$

で与えられている．この制御系を安定にする K の条件を求めよ．

解 ラウス表はつぎのようになる．

s^4 行	1	5	15
s^3 行	$20K$	$K+10$	0
s^2 行	$\dfrac{99K - 10}{20K}$	15	
s^1 行	$\dfrac{-5901K^2 + 980K - 100}{99K - 10}$	0	
s^0 行	15		

制御系が安定となるための必要十分条件は，ラウス表の最左端の列のすべての要素が正となることである．すなわち，

$$20K > 0 \tag{8.28}$$

$$99K - 10 > 0 \tag{8.29}$$

$$-5901K^2 + 980K - 100 > 0 \tag{8.30}$$

を同時に満足する K の条件を求めればよい．式 (8.30) の左辺の判別式 D は，

$$\frac{D}{4} = \left(\frac{980}{2}\right)^2 - (-5901) \times (-100) = -350000 < 0 \tag{8.31}$$

となることから，式 (8.30) の左辺はつねに負となる．したがって，安定条件を満たす K は存在せず，この制御系は K の値にかかわらず，不安定である． ◀

演習 8.5 ▷ パラメータ K と制御系の安定性 5

フィードバック制御系の特性方程式が

$$s^4 + Ks^3 + (K+4)s^2 + 3s + 4 = 0 \tag{8.32}$$

で与えられている．この制御系を安定にする K の条件を求めよ．

解　ラウス表はつぎのようになる．

s^4 行　　　　　1　　　　　$K+4$　　4

s^3 行　　　　　K　　　　　3　　　　0

s^2 行　　$\dfrac{K^2+4K-3}{K}$　　　4

s^1 行　$\dfrac{-K^2+12K-9}{K^2+4K-3}$　　0

s^0 行　　　　　4

制御系が安定となるための必要十分条件は，ラウス表の最左端の列のすべての要素が正となることである．すなわち，

$$K > 0 \tag{8.33}$$

$$K^2 + 4K - 3 > 0 \tag{8.34}$$

$$-K^2 + 12K - 9 > 0 \tag{8.35}$$

を同時に満足する K の条件を求めればよい．式 (8.34) を解いて，

$$K < -4.646, \quad 0.646 < K \tag{8.36}$$

を得る．また，式 (8.35) を解いて

$$0.804 < K < 11.196 \tag{8.37}$$

となる．よって，式 (8.33), (8.36), (8.37) から，求める条件は式 (8.37) である．　◀

演習 8.6 ▷ パラメータ K と制御系の安定性 6

図 8.2 に示すフィードバック制御系を安定にする K の条件を求めよ．また，安定限界となる K の値と持続振動の角周波数を求めよ．

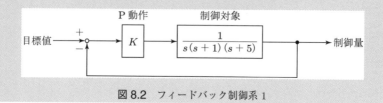

図 8.2　フィードバック制御系 1

解　特性方程式は

$$1 + \frac{K}{s(s+1)(s+5)} = 0 \tag{8.38}$$

であるから，上式の分母を払って次式となる．

$$s^3 + 6s^2 + 5s + K = 0 \tag{8.39}$$

ラウス表はつぎのようになる．

s^3 行　　　 1　　　 5　　 0
s^2 行　　　 6　　　 K
s^1 行　　 $\dfrac{30-K}{6}$　　 0
s^0 行　　　 K

制御系が安定となるための必要十分条件は，ラウス表の最左端の列のすべての要素が正となることであるから，求める K の条件はつぎのようになる．

$$0 < K < 30 \tag{8.40}$$

式 (8.40) から，安定限界となるのは $K=0$ と $K=30$ のときである．$K=0$ では，図8.2 から明らかなように制御ループが切れた状態となる．また，制御対象自身は無定位系である．つぎに，$K=30$ のとき，補助方程式は

$$6s^2 + 30 = 0 \tag{8.41}$$

である．これより，制御系は複素平面の虚軸上に特性根 $\lambda_{1,2} = \pm j\sqrt{5}$ をもつことがわかる．制御系の特性方程式は

$$s^3 + 6s^2 + 5s + 30 = (s^2 + 5)(s+6) = 0 \tag{8.42}$$

と書けるので，残りは安定な特性根 $\lambda_3 = -6$ である．

以上より，$K=30$ のとき制御系は安定限界となり，持続振動の角周波数は $\omega = \sqrt{5}$ [rad/s] である．　◀

解説

特性方程式 (8.42) から，$K=30$ のときの制御系は 2 次遅れ要素と 1 次遅れ要素の直列結合したシステムであって，この 2 次遅れ要素が安定限界となっていると理解できる．

2 次遅れ要素の標準形は，

$$G(s) = \frac{\omega_n{}^2}{s^2 + 2\zeta\omega_n s + \omega_n{}^2} \tag{8.43}$$

で表される．ここで，ζ を減衰係数，ω_n を固有角周波数という．減衰係数 $\zeta = 0$ の場合は，2 次遅れ要素は安定限界となって持続振動をする．このときの特性方程式は，

$$s^2 + \omega_n{}^2 = 0 \tag{8.44}$$

となる．式 (8.42) と式 (8.44) を比較することで，持続振動の角周波数は $\omega = \sqrt{5}$ [rad/s] であることがわかる．

演習 8.7 ▷ パラメータ K と制御系の安定性 7

図 8.3 に示すフィードバック制御系を安定にする K の条件を求めよ．ただし，$T > 0$ とする．

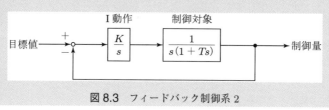

図 8.3 フィードバック制御系 2

解 特性方程式は

$$1 + \frac{K}{s^2(1 + Ts)} = 0 \tag{8.45}$$

であるから，上式の分母を払って次式となる．

$$Ts^3 + s^2 + K = 0 \tag{8.46}$$

s^1 の係数がゼロであって，安定のための必要条件を満たしていない．したがって，K を調整しても制御系を安定化できない．◀

演習 8.8 ▷ パラメータ K と制御系の安定性 8

図 8.4 に示すフィードバック制御系を安定にする K の条件を求めよ．

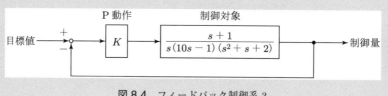

図 8.4 フィードバック制御系 3

解 特性方程式は

$$1 + \frac{K(s+1)}{s(10s - 1)(s^2 + s + 2)} = 0 \tag{8.47}$$

であるから，上式の分母を払って次式となる．

$$10s^4 + 9s^3 + 19s^2 + (K-2)s + K = 0 \tag{8.48}$$

ラウス表はつぎのようになる.

s^4 行	10	19	K
s^3 行	9	$K-2$	0
s^2 行	$\dfrac{191-10K}{9}$	K	
s^1 行	$\dfrac{-10K^2+130K-382}{191-10K}$	0	
s^0 行	K		

制御系が安定となるための必要十分条件は，ラウス表の最左端の列のすべての要素が正となることである．すなわち，

$$191 - 10K > 0 \tag{8.49}$$

$$-10K^2 + 130K - 382 > 0 \tag{8.50}$$

$$K > 0 \tag{8.51}$$

を同時に満足する K の条件を求めればよい．式 (8.49) と式 (8.51) から

$$0 < K < 19.1 \tag{8.52}$$

を得る．また，式 (8.50) を解いて

$$4.488 < K < 8.512 \tag{8.53}$$

となる．したがって，求める K の条件は式 (8.53) である． ◀

演習 8.9 ▷ パラメータ K, F と制御系の安定性

図 8.5 に示すフィードバック制御系を安定にする K と F の条件を求めよ．ただし，$T > 0$ とする．

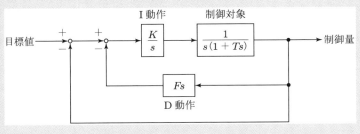

図 8.5 フィードバック制御系 4

解　まずは，図 8.5 のブロック線図を扱いやすい形に等価変換しよう．前置補償器と制御対象の直列結合を等価変換して図 8.6 とする．つぎに内側のフィードバック結合を等価変換することで図 8.7 となる．

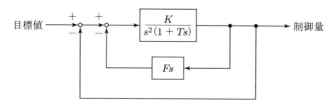

図 8.6　直列結合等価変換後のブロック線図

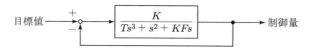

図 8.7　フィードバック結合等価変換後のブロック線図

図 8.7 から，特性方程式は

$$1 + \frac{K}{Ts^3 + s^2 + KFs} = 0 \tag{8.54}$$

であるから，上式の分母を払って次式となる．

$$Ts^3 + s^2 + KFs + K = 0 \tag{8.55}$$

ラウス表はつぎのようになる．

s^3 行　　　T　　　KF　　0
s^2 行　　　1　　　K
s^1 行　　$K(F-T)$　　0
s^0 行　　　K

制御系が安定となるための必要十分条件は，ラウス表の最左端の列のすべての要素が正となることであるから，つぎのようになる．

$$T > 0, \qquad K > 0, \qquad F > T \tag{8.56}$$

$T > 0$ は仮定より保証されている．よって，パラメータ K と F に課せられる条件はつぎのように求められる．

$$K > 0 \tag{8.57}$$

$$F > T \tag{8.58} \blacktriangleleft$$

8.2 ☐ ゲイン余裕と位相余裕を計算する

演習 8.10 ▷ ゲイン余裕と位相余裕を手計算で求める 1

一巡伝達関数

$$G(s)H(s) = \frac{K}{s^3 + 5s^2 + 7s + 3} \tag{8.59}$$

をもつフィードバック制御系がある．この制御系を安定とするパラメータ K の条件を求めよ．また，$K = 24$ のときの，ゲイン余裕と位相余裕を求めよ．

解 一巡周波数伝達関数

$$G(j\omega)H(j\omega) = \frac{K}{(j\omega)^3 + 5(j\omega)^2 + 7(j\omega) + 3} = \frac{K}{(3 - 5\omega^2) + j\omega(7 - \omega^2)} \tag{8.60}$$

のベクトル軌跡が実軸と交わる点を求めるために，まず，式 (8.60) の分母の虚部をゼロにする位相交差角周波数 ω_{cp} を計算する．

$$7 - \omega^2 = 0$$

$$\therefore \omega_{cp} = \sqrt{7} \ [\text{rad/s}] \tag{8.61}$$

上式を式 (8.60) に代入する．

$$G(j\omega_{cp})H(j\omega_{cp}) = \frac{K}{3 - 5 \times 7} = -\frac{K}{32} \tag{8.62}$$

したがって，交点は $-\dfrac{K}{32} + j0$ と求められた．ナイキストの安定判別法を適用して，

$$-1 < -\frac{K}{32} < 0 \tag{8.63}$$

から

$$0 < K < 32 \tag{8.64}$$

を得る．

$K = 24$ のときの，ゲイン余裕 g_m [dB] を求めよう．ゲイン余裕は位相交差角周波数 ω_{cp} を使って次式で求められる．

$$g_m = -g(\omega_{cp}) = -20 \log_{10} |G(j\omega_{cp})H(j\omega_{cp})| \tag{8.65}$$

式 (8.62) と $K = 24$ を式 (8.65) に代入すると，つぎのようになる．

$$g_m = -20 \log_{10} \left| -\frac{24}{32} \right| = -20 \log_{10} \frac{3}{4} = 2.50 \ [\text{dB}] \tag{8.66}$$

$K = 24$ のときの位相余裕 ϕ_m を求めるには，まず，ゲイン交差角周波数 ω_{cg} を計算する必要がある．そこで，式 (8.60) に $K = 24$ を代入した

$$G(j\omega)H(j\omega) = \frac{24}{(3 - 5\omega^2) + j\omega(7 - \omega^2)} \tag{8.67}$$

の絶対値が 1 となる角周波数を求めよう．

$$|G(j\omega)H(j\omega)| = \frac{24}{\sqrt{(3 - 5\omega^2)^2 + \omega^2(7 - \omega^2)^2}} \tag{8.68}$$

となるから，$|G(j\omega)H(j\omega)| = 1$ となるためには

$$(3 - 5\omega^2)^2 + \omega^2(7 - \omega^2)^2 = 24^2 \tag{8.69}$$

を満たさなくてはならない．

$x = \omega^2$ とおいて式 (8.69) を整理すると，つぎのようになる．

$$x^3 + 11x^2 + 19x - 567 = 0 \tag{8.70}$$

方程式 (8.70) の解は，$-8.169 \pm j6.284, 5.338$ となるから，正の実数 $x = 5.338$ を採用する．したがって，

$$\omega_{cg} = 2.310\,[\text{rad/s}] \tag{8.71}$$

と求められる．$\omega = \omega_{cg}$ のときの一巡周波数伝達関数はつぎのようになる．

$$G(j\omega_{cg})H(j\omega_{cg}) = \frac{24}{(3 - 5\omega_{cg}{}^2) + j\omega_{cg}(7 - \omega_{cg}{}^2)} = \frac{24}{-23.69 + j3.839} \tag{8.72}$$

上式の位相は

$$\theta(\omega_{cg}) = \angle G(j\omega_{cg})H(j\omega_{cg}) = -\angle(-23.69 + j3.839) = -170.80\,[\text{deg}] \tag{8.73}$$

と計算されるので，位相余裕はつぎのように求められる．

$$\phi_m = \theta(\omega_{cg}) - (-180) = -170.80 + 180 = 9.20\,[\text{deg}] \tag{8.74} \blacktriangleleft$$

解説

式 (8.72) の分母の複素数は，$-23.69 + j3.839$ であって，複素平面上の第 2 象限にあるので，その位相は，開区間 (90 deg, 180 deg) に存在する．

位相は，$\tan^{-1}\left(\dfrac{3.839}{-23.69}\right)$ で求めることができ，この計算を進めると，$\tan^{-1}\left(\dfrac{3.839}{-23.69}\right) = \tan^{-1}(-0.16205) = -9.2048\,[\text{deg}]$ となって，第 4 象限にある複素数 $23.69 - j3.839$ の位相が求められる．これは，-0.16205 のマイナス符号が，実部と虚部のどちらに付いていたかの判断ができないからである．

したがって，$\tan^{-1}(\cdot)$ の計算では，閉区間 $[-90\,\text{deg},\,90\,\text{deg}]$ で解を求めておいてから，必要に応じて $+180\,\text{deg}$ の調整を行う．今回の計算では，$-9.2048 + 180 \simeq 170.80$ とすればよい．

式 (8.72) の分母の複素数の位相が $170.80\,\text{deg}$ であるから，$G(j\omega_{cg})H(j\omega_{cg})$ の位相は，式 (8.73) に示すように $-170.80\,\text{deg}$ となる．

演習 8.11 ▷ ゲイン余裕と位相余裕を手計算で求める 2

図 8.8 に示す制御系を安定にするパラメータ K の条件を求めよ．また，$K = 2.5$ のときの，ゲイン余裕と位相余裕を求めよ．

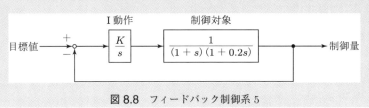

図 8.8 フィードバック制御系 5

解 閉ループ系の特性方程式は

$$1 + \frac{K}{s(1+s)(1+0.2s)} = 0 \tag{8.75}$$

であるから，上式の分母を払って

$$0.2s^3 + 1.2s^2 + s + K = 0 \tag{8.76}$$

となる．ラウス表はつぎのようになる．

s^3 行	0.2	1	0
s^2 行	1.2	K	
s^1 行	$\dfrac{1.2 - 0.2K}{1.2}$	0	
s^0 行	K		

ラウス表の最左端の列の要素がすべて正となる条件から

$$0 < K < 6 \tag{8.77}$$

を得る．上式は，制御系が安定となるための必要十分条件である．

$K = 2.5$ のときの，ゲイン余裕 $g_m\,[\text{dB}]$ を求めよう．ゲイン余裕は一巡周波数伝達関数の位相が $-180\,\text{deg}$ となる位相交差角周波数 $\omega_{cp}\,[\text{rad/s}]$ を使って次式で求められる．

$$g_m = -g(\omega_{cp}) = -20\log_{10}|G(j\omega_{cp})H(j\omega_{cp})| \tag{8.65 再掲}$$

そこで，ω_{cp} をまず求める.

一巡周波数伝達関数

$$G(j\omega)H(j\omega) = \frac{2.5}{j\omega(1+j\omega)(1+j0.2\omega)} = \frac{2.5}{-1.2\omega^2 + j\omega(1-0.2\omega^2)} \tag{8.78}$$

のベクトル軌跡が実軸と交わるのは

$$1 - 0.2\omega^2 = 0 \tag{8.79}$$

のときであるから，位相交差角周波数はつぎのように求められる.

$$\omega_{cp} = \sqrt{5}\,[\text{rad/s}] \tag{8.80}$$

上式を式 (8.78) に代入すると，

$$G(j\omega_{cp})H(j\omega_{cp}) = \frac{2.5}{-1.2 \times 5} = -\frac{2.5}{6} \tag{8.81}$$

となる. 式 (8.65) によりゲイン余裕を計算すると，つぎのようになる.

$$g_m = -20\log_{10}|G(j\omega_{cp})H(j\omega_{cp})| = -20\log_{10}\frac{2.5}{6} = 7.604\,[\text{dB}] \tag{8.82}$$

つづいて，$K = 2.5$ のときの，位相余裕 ϕ_m を求めよう. 位相余裕は一巡周波数伝達関数のゲインが 1 となるゲイン交差角周波数 $\omega_{cg}\,[\text{rad/s}]$ を使って次式で求められる.

$$\phi_m = \theta(\omega_{cg}) - (-180)\,[\text{deg}] \tag{8.83}$$

そこで，ω_{cg} をまず求める.

式 (8.78) から

$$|G(j\omega)H(j\omega)| = \frac{2.5}{\sqrt{(1.2\omega^2)^2 + \omega^2(1-0.2\omega^2)^2}} \tag{8.84}$$

となるから，$|G(j\omega)H(j\omega)| = 1$ となるためには

$$1.44\omega^4 + \omega^2(1-0.2\omega^2)^2 = 2.5^2 \tag{8.85}$$

を満たさなくてはならない.

$x = \omega^2$ とおいて式 (8.85) を整理すると，つぎのようになる.

$$0.04x^3 + 1.04x^2 + x - 6.25 = 0 \tag{8.86}$$

方程式 (8.86) の解は，$-24.73, -3.225, 1.959$ となるから，正の実数 $x = 1.959$ を採用する. したがって，

$$\omega_{cg} = 1.400\,[\text{rad/s}] \tag{8.87}$$

と求められる. $\omega = \omega_{cg}$ のときの一巡周波数伝達関数はつぎのようになる.

$$G(j\omega_{cg})H(j\omega_{cg}) = \frac{2.5}{-1.2\omega_{cg}{}^2 + j\omega_{cg}(1 - 0.2\omega_{cg}{}^2)} = \frac{2.5}{-2.351 + j0.851} \tag{8.88}$$

上式の位相は

$$\theta(\omega_{cg}) = \angle G(j\omega_{cg})H(j\omega_{cg}) = -\angle(-2.351 + j0.851) = -160.1\,[\text{deg}] \tag{8.89}$$

と計算されるので，位相余裕はつぎのように求められる．

$$\phi_m = \theta(\omega_{cg}) - (-180) = -160.1 + 180 = 19.9\,[\text{deg}] \tag{8.90}\blacktriangleleft$$

演習 8.12 ▷ ゲイン余裕と位相余裕を手計算で求める 3

図 8.9 に示す制御系を安定とするパラメータ K の条件を求めよ．また，$K = 9$ のときのゲイン余裕と位相余裕を求めよ．

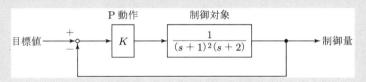

図 8.9 フィードバック制御系 6

解 一巡周波数伝達関数は

$$G(j\omega)H(j\omega) = \frac{K}{(j\omega + 1)^2(j\omega + 2)} = \frac{K}{2(1 - 2\omega^2) + j\omega(5 - \omega^2)} \tag{8.91}$$

となる．実軸との交点は上式の虚部をゼロとすることで求めることができる．したがって，

$$\omega(5 - \omega^2) = 0 \tag{8.92}$$

を $\omega > 0$ の条件で解いて，位相交差角周波数

$$\omega_{cp} = \sqrt{5}\,[\text{rad/s}] \tag{8.93}$$

を得る．$\omega = \omega_{cp}$ のときの一巡周波数伝達関数は

$$G(j\omega_{cp})H(j\omega_{cp}) = \frac{K}{2(1 - 2 \times 5)} = -\frac{K}{18} \tag{8.94}$$

となるから，ナイキストの安定判別法より所望の K の条件は

$$0 < K < 18 \tag{8.95}$$

であることがわかる．

ゲイン余裕 g_m は，

$$g_m = -g(\omega_{cp}) = -20\log_{10}|G(j\omega_{cp})H(j\omega_{cp})| \tag{8.65 再掲}$$

で計算される．$K = 9$ のとき，式 (8.94) は

$$G(j\omega_{cp})H(j\omega_{cp}) = -\frac{9}{18} = -\frac{1}{2} \tag{8.96}$$

となるので，式 (8.65) はつぎのようになる．

$$g_m = -20\log_{10}\frac{1}{2} = 20\log_{10}2 = 6.021\,[\text{dB}] \tag{8.97}$$

　位相余裕 ϕ_m を求めるには，先に，ゲイン交差角周波数 ω_{cg} を知る必要がある．$K = 9$ のときの一巡周波数伝達関数は式 (8.91) から

$$G(j\omega)H(j\omega) = \frac{9}{2(1-2\omega^2) + j\omega(5-\omega^2)} \tag{8.98}$$

である．したがって，

$$|G(j\omega)H(j\omega)| = \frac{9}{\sqrt{4(1-2\omega^2)^2 + \omega^2(5-\omega^2)^2}} \tag{8.99}$$

となるので，$|G(j\omega)H(j\omega)| = 1$ とするには，

$$4(1-2\omega^2)^2 + \omega^2(5-\omega^2)^2 = 81 \tag{8.100}$$

を満足しなくてはならない．$x = \omega^2$ とおくと，上式は

$$x^3 + 6x^2 + 9x - 77 = 0 \tag{8.101}$$

と書き直すことができる．方程式 (8.101) の解は，$-4.262 \pm j3.514,\ 2.524$ である．よって，つぎのように求められる．

$$\omega_{cg} = 1.589\,[\text{rad/s}] \tag{8.102}$$

　$\omega = \omega_{cg}$ のときの一巡周波数伝達関数はつぎのようになる．

$$G(j\omega_{cg})H(j\omega_{cg}) = \frac{9}{2(1-2\omega_{cg}{}^2) + j\omega_{cg}(5-\omega_{cg}{}^2)} = \frac{9}{-8.096 + j3.934} \tag{8.103}$$

　上式の位相は

$$\theta(\omega_{cg}) = \angle G(j\omega_{cg})H(j\omega_{cg}) = -\angle(-8.096 + j3.934) = -154.1\,[\text{deg}] \tag{8.104}$$

と計算されるので，位相余裕はつぎのように求められる．

$$\phi_m = \theta(\omega_{cg}) - (-180) = -154.1 + 180 = 25.9\,[\text{deg}] \tag{8.105}\blacktriangleleft$$

演習 8.13 ▷ **ゲイン余裕と位相余裕を手計算で求める 4**

一巡伝達関数

$$G(s)H(s) = \frac{5}{s(s+1)(s+2)} \tag{8.106}$$

をもつフィードバック制御系がある．この制御系の安定を判別せよ．また，ゲイン余裕と位相余裕を求めよ．

解 一巡周波数伝達関数

$$G(j\omega)H(j\omega) = \frac{5}{j\omega(j\omega+1)(j\omega+2)} = \frac{5}{-3\omega^2 + j\omega(2-\omega^2)} \tag{8.107}$$

のベクトル軌跡が実軸と交わる条件

$$2 - \omega^2 = 0 \tag{8.108}$$

から，位相交差角周波数 ω_{cp} が求められる．

$$\omega_{cp} = \sqrt{2} \ [\text{rad/s}] \tag{8.109}$$

このときの一巡周波数伝達関数は，式 (8.107) より

$$G(j\omega_{cp})H(j\omega_{cp}) = \frac{5}{-3 \times 2} = -\frac{5}{6} \tag{8.110}$$

である．$-1 < -\frac{5}{6} < 0$ であるから，この制御系は安定である．

ゲイン余裕は，式 (8.65) と式 (8.110) からつぎのように求められる．

$$g_m = -20\log_{10}|G(j\omega_{cp})H(j\omega_{cp})| = -20\log_{10}\frac{5}{6} = 1.584 \ [\text{dB}] \tag{8.111}$$

位相余裕を求めるには，ゲイン交差角周波数 ω_{cg} の値を知る必要がある．式 (8.107) から

$$|G(j\omega)H(j\omega)| = \frac{5}{\sqrt{(3\omega^2)^2 + \omega^2(2-\omega^2)^2}} \tag{8.112}$$

となるので，ゲインが 1 となるには，次式が成り立たなくてはならない．

$$9\omega^4 + \omega^2(2-\omega^2)^2 = 25 \tag{8.113}$$

$x = \omega^2$ とおくと，上式は

$$x^3 + 5x^2 + 4x - 25 = 0 \tag{8.114}$$

と書き直すことができる．方程式 (8.114) の解は，$-3.330 \pm j1.992, 1.660$ である．よって，つぎのように求められる．

$$\omega_{cg} = 1.288 \ [\text{rad/s}] \tag{8.115}$$

$\omega = \omega_{cg}$ のときの一巡周波数伝達関数はつぎのようになる.

$$G(j\omega_{cg})H(j\omega_{cg}) = \frac{5}{-3\omega_{cg}{}^2 + j\omega_{cg}(2 - \omega_{cg}{}^2)} = \frac{5}{-4.980 + j0.4379} \tag{8.116}$$

上式の位相は

$$\theta(\omega_{cg}) = \angle G(j\omega_{cg})H(j\omega_{cg}) = -\angle(-4.980 + j0.4379) = -175.0\,[\mathrm{deg}] \tag{8.117}$$

と計算されるので,位相余裕はつぎのように求められる.

$$\phi_m = \theta(\omega_{cg}) - (-180) = -175.0 + 180 = 5.0\,[\mathrm{deg}] \tag{8.118} \blacktriangleleft$$

8.3 ▢ 指定のゲイン余裕と位相余裕をもつ制御系を設計する

演習 8.14 ▷ 指定のゲイン余裕を実現する

一巡伝達関数

$$G(s)H(s) = \frac{K}{(1+s)(1+2s)(1+3s)} \tag{8.119}$$

をもつフィードバック制御系がある.この制御系のゲイン余裕が 20 dB となるようにパラメータ $K > 0$ の値を決定せよ.

解 ゲイン余裕は,位相交差角周波数 ω_{cp} を使って次式で求められる.

$$g_m = -g(\omega_{cp}) = -20\log_{10}|G(j\omega_{cp})H(j\omega_{cp})| \tag{8.65 再掲}$$

したがって,題意は

$$-20\log_{10}|G(j\omega_{cp})H(j\omega_{cp})| = 20\,[\mathrm{dB}] \tag{8.120}$$

を満たすことを要求している.上式を変形して次式となる.

$$-\log_{10}|G(j\omega_{cp})H(j\omega_{cp})| = 1$$

$$\frac{1}{|G(j\omega_{cp})H(j\omega_{cp})|} = 10$$

$$\therefore\ |G(j\omega_{cp})H(j\omega_{cp})| = \frac{1}{10} = 0.1 \tag{8.121}$$

つぎに,位相交差角周波数 ω_{cp} を求める.一巡周波数伝達関数は次式となる.

$$G(j\omega)H(j\omega) = \frac{K}{(1+j\omega)(1+j2\omega)(1+j3\omega)} = \frac{K}{(1-11\omega^2) + j6\omega(1-\omega^2)} \tag{8.122}$$

上式の虚部をゼロとする角周波数を $\omega > 0$ の条件で解いて

$$\omega_{cp} = 1\,[\text{rad/s}] \tag{8.123}$$

を得る．上式を式 (8.122) に代入する．

$$G(j\omega_{cp})H(j\omega_{cp}) = \frac{K}{1 - 11 \times 1^2} = -\frac{K}{10} \tag{8.124}$$

よって，$K > 0$ より

$$|G(j\omega_{cp})H(j\omega_{cp})| = \frac{K}{10} \tag{8.125}$$

となるから，上式を式 (8.121) に代入して次式を得る．

$$K = 1 \tag{8.126} \blacktriangleleft$$

演習 8.15 ▷ 指定のゲイン余裕と位相余裕を実現する 1

一巡伝達関数

$$G(s)H(s) = \frac{K}{s(1 + 5s)(1 + 7s)} \tag{8.127}$$

をもつフィードバック制御系がある．

(1) ゲイン余裕が 6 dB となるようにパラメータ $K > 0$ の値を決定せよ．

(2) 位相余裕が 50 deg となるようにパラメータ $K > 0$ の値を決定せよ．

解 (1) 演習 8.14 の式 (8.120) にならって，ゲイン余裕が 6 dB となる条件式は次式である．

$$-20\log_{10}|G(j\omega_{cp})H(j\omega_{cp})| = 6\,[\text{dB}] \tag{8.128}$$

上式を変形して次式となる．

$$\log_{10}|G(j\omega_{cp})H(j\omega_{cp})| = -\frac{6}{20} = -0.3 = \log_{10}10^{-0.3}$$

$$\therefore |G(j\omega_{cp})H(j\omega_{cp})| = 10^{-0.3} = 0.5012 \tag{8.129}$$

つぎに，位相交差角周波数 ω_{cp} を求める．一巡周波数伝達関数は次式となる．

$$G(j\omega)H(j\omega) = \frac{K}{j\omega(1 + j5\omega)(1 + j7\omega)} = \frac{K}{-12\omega^2 + j\omega(1 - 35\omega^2)} \tag{8.130}$$

上式の虚部をゼロとする角周波数を $\omega > 0$ の条件で解いて

$$\omega_{cp} = \frac{1}{\sqrt{35}} = 0.1690\,[\text{rad/s}] \tag{8.131}$$

を得る．上式を式 (8.130) に代入して，

$$G(j\omega)H(j\omega) = \frac{K}{-12 \times \dfrac{1}{35}} = -\frac{K}{0.3429} \tag{8.132}$$

なので，$K > 0$ から

$$|G(j\omega)H(j\omega)| = \frac{K}{0.3429} \tag{8.133}$$

となる．よって，上式を式 (8.129) に代入して次式を得る．

$$\frac{K}{0.3429} = 0.5012$$

$$\therefore \ K = 0.5012 \times 0.3429 = 0.1719 \tag{8.134}$$

(2) 位相余裕は，一巡周波数伝達関数のゲインが 1 となるゲイン交差角周波数 ω_{cg} [rad/s] を使って，次式で求められる．

$$\phi_m = \theta(\omega_{cg}) - (-180) \ [\text{deg}] \tag{8.83 再掲}$$

題意より $\phi_m = 50$ [deg] なので，式 (8.83) から

$$\theta(\omega_{cg}) = \angle G(j\omega_{cg})H(j\omega_{cg}) = -130 \ [\text{deg}] \tag{8.135}$$

となればよいことがわかる．

さて，一巡周波数伝達関数は

$$G(j\omega)H(j\omega) = \frac{K}{-12\omega^2 + j\omega(1 - 35\omega^2)} \tag{8.130 再掲}$$

であるから，式 (8.130) の分母の位相が 130 deg，すなわち

$$\angle\{-12\omega_{cg}^2 + j\omega_{cg}(1 - 35\omega_{cg}^2)\} = \tan^{-1}\left\{-\frac{\omega_{cg}(1 - 35\omega_{cg}^2)}{12\omega_{cg}^2}\right\} = 130 \tag{8.136}$$

を満たすゲイン交差角周波数 ω_{cg} を計算すればよい．ここで，$\tan^{-1}$ の計算結果は，その範囲が

$$-90 \leq \tan^{-1}(\cdot) \leq 90 \tag{8.137}$$

であることから，式 (8.136) をつぎのように補正する．

$$\tan^{-1}\left\{-\frac{\omega_{cg}(1 - 35\omega_{cg}^2)}{12\omega_{cg}^2}\right\} + 180 = 130 \ [\text{deg}] \tag{8.138}$$

上式は

$$\tan^{-1}\left\{-\frac{\omega_{cg}(1 - 35\omega_{cg}^2)}{12\omega_{cg}^2}\right\} = -50 \tag{8.139}$$

となるから，

$$-\frac{\omega_{cg}(1 - 35\omega_{cg}^2)}{12\omega_{cg}^2} = \tan(-50) = -1.192 \tag{8.140}$$

となる．上式を整理して

$$35\omega_{cg}^3 + 14.304\omega_{cg}^2 - \omega_{cg} = \omega_{cg}(35\omega_{cg}^2 + 14.304\omega_{cg} - 1) = 0 \qquad (8.141)$$

を得る．上式を $\omega_{cg} > 0$ の条件で解いて次式を得る．

$$\omega_{cg} = \frac{-14.304 + 18.564}{70} = 0.06085\,[\text{rad/s}] \qquad (8.142)$$

ゲイン交差角周波数 ω_{cg} は，一巡周波数伝達関数のゲインが 1 となるときの角周波数であるから，この条件を満たすようにパラメータ $K > 0$ を決めよう．すなわち，

$$|G(j\omega_{cg})H(j\omega_{cg})| = 1 \qquad (8.143)$$

は，式 (8.130) から

$$\frac{K}{\sqrt{(12\omega_{cg}^2)^2 + \omega_{cg}^2(1 - 35\omega_{cg}^2)^2}} = 1 \qquad (8.144)$$

なので，上式に式 (8.142) を代入して次式を得る．

$$K = \left.\sqrt{(12\omega_{cg}^2)^2 + \omega_{cg}^2(1 - 35\omega_{cg}^2)^2}\right|_{\omega_{cg}=0.06085} = 0.06913 \qquad (8.145)\blacktriangleleft$$

解説

検算してみよう．

式 (8.145) を式 (8.130) に代入すると，一巡周波数伝達関数は

$$G(j\omega)H(j\omega) = \frac{0.06913}{-12\omega^2 + j\omega(1 - 35\omega^2)} \qquad (8.146)$$

となる．一巡周波数伝達関数のゲインが 1 となる角周波数が，ゲイン交差角周波数 $\omega_{cg}\,[\text{rad/s}]$ である．そこで，式 (8.146) において，$|G(j\omega)H(j\omega)| = 1$ とする角周波数を求める．

$$\frac{0.06913}{\sqrt{(12\omega^2)^2 + \omega^2(1 - 35\omega^2)^2}} = 1 \qquad (8.147)$$

から，つぎの方程式を得る．

$$144\omega^4 + \omega^2(1 - 35\omega^2)^2 = 0.06913^2 \qquad (8.148)$$

$x = \omega^2$ とおくと，上式は x の 3 次方程式になる．

$$1225x^3 + 74x^2 + x - 0.004779 = 0 \qquad (8.149)$$

上式の解は，$-0.0321 \pm j0.0051, 0.003702$ であるので，正の値を採用すると，ω_{cg} はつぎのように求められる．

$$\omega_{cg} = \sqrt{x} = 0.06084\,[\text{rad/s}] \qquad (8.150)$$

上式の値を式 (8.146) に代入する.

$$G(j\omega_{cg})H(j\omega_{cg}) = \frac{0.06913}{-12\omega_{cg}{}^2 + j\omega_{cg}(1 - 35\omega_{cg}{}^2)} = \frac{0.06913}{-0.04442 + j0.05296}$$

$$(8.151)$$

上式は,一巡周波数伝達関数の大きさが 1 になるときの複素平面上の位置を表している.

$$\theta(\omega_{cg}) = \angle G(j\omega_{cg})H(j\omega_{cg}) = -\tan^{-1}\left(-\frac{0.05296}{0.04442}\right) = -129.99\,[\text{deg}] \qquad (8.152)$$

と計算されるので,位相余裕は

$$\phi_m = \theta(\omega_{cg}) - (-180) \simeq -130 + 180 = 50\,[\text{deg}] \qquad (8.153)$$

となり,位相余裕 $\phi_m = 50\,[\text{deg}]$ を達成できていることを確認した.

演習 8.16 ▷ 指定の位相余裕を実現する

図 8.10 に示す制御系において,位相余裕が $30\,\text{deg}$ となるようにパラメータ $K > 0$ の値を決定せよ.

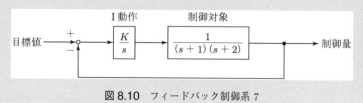

図 8.10 フィードバック制御系 7

解 一巡周波数伝達関数はつぎのようになる.

$$G(j\omega)H(j\omega) = \frac{K}{j\omega(j\omega + 1)(j\omega + 2)} = \frac{K}{-3\omega^2 + j\omega(2 - \omega^2)} \qquad (8.154)$$

位相余裕が $30\,\text{deg}$ となるには,$\omega = \omega_{cg}$ のとき上式の分母の位相が $150\,\text{deg}$ にならなくてはならないので,式 (8.137) を考慮して

$$\tan^{-1}\left\{-\frac{\omega_{cg}(2 - \omega_{cg}{}^2)}{3\omega_{cg}{}^2}\right\} + 180 = 150\,[\text{deg}] \qquad (8.155)$$

が成り立つ.よって,

$$-\frac{\omega_{cg}(2 - \omega_{cg}{}^2)}{3\omega_{cg}{}^2} = \tan(-30) = -0.5774 \qquad (8.156)$$

となる.上式は,つぎの 3 次方程式となる.

$$\omega_{cg}{}^3 + 1.732\omega_{cg}{}^2 - 2\omega_{cg} = 0 \qquad (8.157)$$

上式を $\omega_{cg} > 0$ の条件で解いて次式を得る.

$$\omega_{cg} = \frac{-1.732 + 3.317}{2} = 0.792\,[\mathrm{rad/s}] \tag{8.158}$$

以下において, $\omega = \omega_{cg}$ のとき $|G(j\omega_{cg})H(j\omega_{cg})| = 1$ となるようにパラメータ $K > 0$ の値を決定しよう. 式 (8.154) から

$$|G(j\omega_{cg})H(j\omega_{cg})| = \frac{K}{\sqrt{9\omega_{cg}{}^4 + \omega_{cg}{}^2(2 - \omega_{cg}{}^2)^2}} \tag{8.159}$$

なので, 次式を得る.

$$K = \left.\sqrt{9\omega_{cg}{}^4 + \omega_{cg}{}^2(2 - \omega_{cg}{}^2)^2}\right|_{\omega_{cg}=0.792} = 2.173 \tag{8.160}\blacktriangleleft$$

解説

検算してみよう.

式 (8.160) を式 (8.154) に代入すると, 一巡周波数伝達関数は

$$G(j\omega)H(j\omega) = \frac{2.173}{-3\omega^2 + j\omega(2 - \omega^2)} \tag{8.161}$$

となる. 一巡周波数伝達関数のゲインが 1 となる角周波数が, ゲイン交差角周波数 $\omega_{cg}\,[\mathrm{rad/s}]$ である. そこで, 式 (8.161) において, $|G(j\omega)H(j\omega)| = 1$ とする角周波数を求める.

$$\frac{2.173}{\sqrt{(3\omega^2)^2 + \omega^2(2 - \omega^2)^2}} = 1 \tag{8.162}$$

から, つぎの方程式を得る.

$$9\omega^4 + \omega^2(2 - \omega^2)^2 = 2.173^2 \tag{8.163}$$

$x = \omega^2$ とおくと, 上式は x の 3 次方程式になる.

$$x^3 + 5x^2 + 4x - 4.722 = 0 \tag{8.164}$$

上式の解は, $-3.4357, -2.1914, 0.6272$ であるので, 正の値を採用すると, ω_{cg} はつぎのように求められる.

$$\omega_{cg} = \sqrt{x} = 0.7920\,[\mathrm{rad/s}] \tag{8.165}$$

上式の値を式 (8.161) に代入する.

$$G(j\omega_{cg})H(j\omega_{cg}) = \frac{2.173}{-3\omega_{cg}{}^2 + j\omega_{cg}(2 - \omega_{cg}{}^2)} = \frac{2.173}{-1.882 + j1.088} \tag{8.166}$$

上式は, 一巡周波数伝達関数の大きさが 1 になるときの複素平面上の位置を表している.

$$\theta(\omega_{cg}) = \angle G(j\omega_{cg})H(j\omega_{cg}) = -\tan^{-1}\left(-\frac{1.088}{1.882}\right) = -149.97\,[\mathrm{deg}] \tag{8.167}$$

と計算されるので，位相余裕は

$$\phi_m = \theta(\omega_{cg}) - (-180) \simeq -150 + 180 = 30\,[\text{deg}] \tag{8.168}$$

となり，位相余裕 $\phi_m = 30\,[\text{deg}]$ を達成できていることを確認した．

演習 8.17 ▷ 指定のゲイン余裕と位相余裕を実現する 2

図 8.11 に示す制御系においてパラメータ K は $K > 0$ とする．

(1) ゲイン余裕 g_m と位相余裕 ϕ_m をパラメータ K を用いて表せ．

(2) $g_m = 6\,[\text{dB}]$ とするパラメータ K を求めよ．また，そのときの ϕ_m を求めよ．

(3) $\phi_m = 55\,[\text{deg}]$ とするパラメータ K を求めよ．また，そのときの g_m を求めよ．

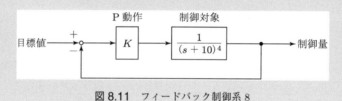

図 8.11　フィードバック制御系 8

解　(1) 一巡周波数伝達関数

$$G(j\omega)H(j\omega) = \frac{K}{(j\omega + 10)^4} \tag{8.169}$$

のゲインと位相はつぎのようになる．

$$|G(j\omega)H(j\omega)| = \frac{K}{|j\omega + 10|^4} = \frac{K}{(\sqrt{\omega^2 + 10^2})^4} = \frac{K}{(\omega^2 + 100)^2} \tag{8.170}$$

$$\theta(\omega) = \angle G(j\omega)H(j\omega) = -4\tan^{-1}\frac{\omega}{10} \tag{8.171}$$

まず，位相交差角周波数 ω_{cp} とゲイン余裕 g_m を求めよう．式 (8.171) から

$$-4\tan^{-1}\frac{\omega}{10} = -180\,[\text{deg}] \tag{8.172}$$

を解くことで ω_{cp} を求められる．

$$\tan^{-1}\frac{\omega}{10} = 45\,[\text{deg}]$$

$$\frac{\omega}{10} = \tan 45 = 1$$

$$\therefore \ \omega_{cp} = 10\,[\text{rad/s}] \tag{8.173}$$

このときのゲインは式 (8.170) から

$$|G(j\omega_{cp})H(j\omega_{cp})| = \frac{K}{(10^2 + 100)^2} = \frac{K}{40000} \tag{8.174}$$

と求められる. ゲイン余裕 g_m は

$$g_m = -20 \log_{10} |G(j\omega_{cp})H(j\omega_{cp})| = -20 \log_{10} \frac{K}{40000} \tag{8.175}$$

で計算されるので, 上式を変形してつぎのようになる.

$$g_m = -20 \log_{10} \frac{K}{40000} = -20 \log_{10} K + 20 \log_{10} 40000$$

$$= 92.04 - 20 \log_{10} K \; [\text{dB}] \tag{8.176}$$

つぎに, ゲイン交差角周波数 ω_{cg} と位相余裕 ϕ_m を求めよう. 式 (8.170) から

$$|G(j\omega)H(j\omega)| = \frac{K}{(\omega^2 + 100)^2} = 1 \tag{8.177}$$

を満たす角周波数が ω_{cg} であるから,

$$(\omega^2 + 100)^2 = K$$

$$\omega^2 = \sqrt{K} - 100$$

$$\therefore \; \omega_{cg} = \sqrt{\sqrt{K} - 100} \; [\text{rad/s}] \tag{8.178}$$

と求めることができる. 位相余裕 ϕ_m は式 (8.171) から

$$\phi_m = \theta(\omega_{cg}) - (-180) = 180 - 4 \tan^{-1} \frac{\omega_{cg}}{10} \tag{8.179}$$

で計算されるので, 式 (8.178) と式 (8.179) から次式を得る.

$$\phi_m = 180 - 4 \tan^{-1} \frac{\sqrt{\sqrt{K} - 100}}{10} \; [\text{deg}] \tag{8.180}$$

(2) ゲイン余裕は

$$g_m = 92.04 - 20 \log_{10} K \; [\text{dB}] \tag{8.176 再掲}$$

で計算されるから, 題意より

$$92.04 - 20 \log_{10} K = 6 \; [\text{dB}] \tag{8.181}$$

を満たす K を求めればよい. 上式を変形して次式となる.

$$20 \log_{10} K = 92.04 - 6 = 86.04$$

$$\log_{10} K = \frac{86.04}{20} = 4.302$$

$$\therefore \ K = 10^{4.302} = 20045 \tag{8.182}$$

このときの，ゲイン交差角周波数 ω_{cg} と位相余裕 ϕ_m を求めよう．ω_{cg} は式 (8.178) から

$$\omega_{cg} = \sqrt{\sqrt{20045} - 100} = 6.448 \, [\text{rad/s}] \tag{8.183}$$

となり，この値を式 (8.179) に代入して次式を得る．

$$\phi_m = 180 - 4 \tan^{-1} \frac{6.45}{10} = 48.74 \, [\text{deg}] \tag{8.184}$$

(3) 位相余裕は

$$\phi_m = 180 - 4 \tan^{-1} \frac{\omega_{cg}}{10} \, [\text{deg}] \tag{8.179 再掲}$$

で計算されるから，題意より

$$180 - 4 \tan^{-1} \frac{\omega_{cg}}{10} = 55 \, [\text{deg}] \tag{8.185}$$

を満たすゲイン交差角周波数 ω_{cg} をまず求めよう．上式を解いて

$$\tan^{-1} \frac{\omega_{cg}}{10} = \frac{180 - 55}{4} = 31.25 \, [\text{deg}]$$

$$\frac{\omega_{cg}}{10} = \tan 31.25 = 0.6068$$

$$\therefore \ \omega_{cg} = 6.068 \, [\text{rad/s}] \tag{8.186}$$

となる．パラメータ K と ω_{cg} の関係は

$$\omega_{cg} = \sqrt{\sqrt{K} - 100} \tag{8.178 再掲}$$

であるから，上式に式 (8.186) を代入した

$$\sqrt{\sqrt{K} - 100} = 6.068 \tag{8.187}$$

を K について解いてつぎのようになる．

$$K = 18720 \tag{8.188}$$

ゲイン余裕は，式 (8.176) からつぎのように計算される．

$$g_m = 92.04 - 20 \log_{10} 18720 = 6.594 \, [\text{dB}] \tag{8.189} \blacktriangleleft$$

第9章

制御系の設計

基本 図 9.1 に PID 制御系を示す.

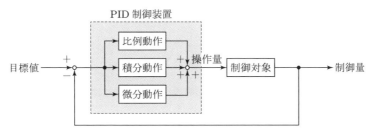

図 9.1　PID 制御系

制御偏差 $e(t)$ を目標値 $r(t)$ と制御量 $y(t)$ との差

$$e(t) = r(t) - y(t) \tag{9.1}$$

で定義する. この制御偏差 $e(t)$ を入力, 操作量 $u(t)$ を出力とする PID 制御装置はつぎの式で表すことができる.

$$u(t) = K_P \left\{ e(t) + \frac{1}{T_I} \int_0^t e(\tau)d\tau + T_D \frac{de(t)}{dt} \right\} \tag{9.2}$$

ここで, K_P を比例ゲイン, T_I を積分時間, T_D を微分時間とよぶ. 初期値をゼロとして式 (9.2) をラプラス変換すると, 次式となる.

$$\frac{U(s)}{E(s)} = K_P \left(1 + \frac{1}{T_I s} + T_D s \right) \tag{9.3}$$

　制御偏差が大きなときは大きな力で, 小さなときは小さな力で, 制御量を目標値に近づけようとするのが比例動作である.

　制御偏差が急激に変わろうとするとき, その動きをつかんで, 制御偏差の絶対値が大きくなる前に抑え込もうとするのが微分動作である. 積分動作が過去の情報に基づいて定常偏差をなくそうとするはたらきとは対照的に, 未来の情報を先取りして過渡応答の改善を図る.

9.1 ⬚ 微分・積分動作の効果を検証する

図 9.2 に示すように，前置補償器に微分動作を設けるとき，閉ループ系の過渡応答にどのような効果があるかを調べよ.

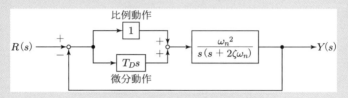

図 9.2 前置補償器に微分動作を設ける制御系

解 前向き伝達関数は

$$G(s) = (1 + T_D s) \cdot \frac{\omega_n{}^2}{s(s + 2\zeta\omega_n)} \tag{9.4}$$

であるから，閉ループ系の伝達関数はつぎのようになる.

$$W(s) = \frac{Y(s)}{R(s)} = \frac{G(s)}{1 + G(s)} = \frac{\dfrac{(1 + T_D s)\omega_n{}^2}{s(s + 2\zeta\omega_n)}}{1 + \dfrac{(1 + T_D s)\omega_n{}^2}{s(s + 2\zeta\omega_n)}} = \frac{(1 + T_D s)\omega_n{}^2}{s(s + 2\zeta\omega_n) + (1 + T_D s)\omega_n{}^2}$$

$$= \frac{(1 + T_D s)\omega_n{}^2}{s^2 + (2\zeta\omega_n + T_D \omega_n{}^2)s + \omega_n{}^2} \tag{9.5}$$

したがって，閉ループ系の特性方程式は

$$s^2 + (2\zeta\omega_n + T_D \omega_n{}^2)s + \omega_n{}^2 = 0 \tag{9.6}$$

である. また，前置補償器に微分動作を設けないで比例動作のみの場合は，式 (9.6) において $T_D = 0$ とすればよいから，閉ループ系の特性方程式は次式となることがわかる.

$$s^2 + 2\zeta\omega_n s + \omega_n{}^2 = 0 \tag{9.7}$$

式 (9.6) と式 (9.7) を比較すると，微分動作 $T_D s$ $(T_D > 0)$ を設けたことで減衰の項が $T_D \omega_n{}^2 > 0$ だけ大きくなった. もっと正確にいうために，式 (9.6) を式 (9.7) にならって書き直すと，つぎのようになる.

$$s^2 + 2\left(\zeta + \frac{T_D \omega_n}{2}\right)\omega_n s + \omega_n{}^2 = 0 \tag{9.8}$$

すなわち，微分動作を設けることにより，固有角周波数 ω_n はそのままで，減衰係数 ζ のみがその値を $\dfrac{T_D \omega_n}{2} > 0$ だけ大きくしている. このことは，目標値のステップ状変化に対し

て，行き過ぎ量，振動性を減少させることで過渡特性を改善し，整定時間の短縮を図っていることを意味する. ◀

解説

2 次遅れ要素の標準形

$$G(s) = \frac{\omega_n{}^2}{s^2 + 2\zeta\omega_n s + \omega_n{}^2} \quad (9.9)$$

において，固有角周波数 ω_n を 0.5 rad/s 固定したままで，減衰係数 ζ のみを $\zeta = 0.2, 0.5, 0.8$ としたときの単位ステップ応答を図 9.3 に示す.

図 9.3 から，立ち上がり時間はほぼ同じで，行き過ぎ量，振動性および整定時間が大きく異なることを確認できる.

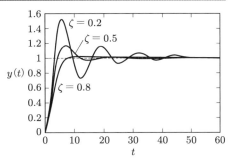

図 9.3 単位ステップ応答

演習 9.2 ▷ **微分動作の効果 2**

先の演習 9.1 では，前置補償器に微分動作を設けた．ここでは，微分動作 $f_1 s$ ($f_1 > 0$) でフィードバック補償する制御系を扱う．図 9.4 に示すように，フィードバック補償器に微分動作を設けるとき，閉ループ系の過渡応答にどのような効果があるかを調べよ.

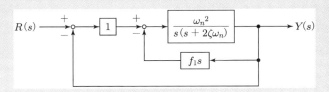

図 9.4 フィードバック補償器に微分動作を設ける制御系

解 内側のフィードバック結合を先に計算する.

$$G(s) = \frac{\dfrac{\omega_n{}^2}{s(s + 2\zeta\omega_n)}}{1 + \dfrac{\omega_n{}^2}{s(s + 2\zeta\omega_n)} \cdot f_1 s} = \frac{\omega_n{}^2}{s(s + 2\zeta\omega_n) + f_1\omega_n{}^2 s} = \frac{\omega_n{}^2}{s^2 + (2\zeta\omega_n + f_1\omega_n{}^2)s}$$

$$(9.10)$$

したがって，閉ループ系の伝達関数はつぎのように計算できる.

$$W(s) = \frac{G(s)}{1 + G(s)} = \frac{\dfrac{\omega_n{}^2}{s^2 + (2\zeta\omega_n + f_1\omega_n{}^2)s}}{1 + \dfrac{\omega_n{}^2}{s^2 + (2\zeta\omega_n + f_1\omega_n{}^2)s}} = \frac{\omega_n{}^2}{s^2 + (2\zeta\omega_n + f_1\omega_n{}^2)s + \omega_n{}^2}$$

$$(9.11)$$

上式から，閉ループ系の特性方程式は

$$s^2 + (2\zeta\omega_n + f_1\omega_n{}^2)s + \omega_n{}^2 = 0 \tag{9.12}$$

となることがわかる．上式は，演習 9.1 の式 (9.6) に酷似している．すなわち，前置補償器において制御偏差を微分して制御対象に加えても，フィードバック補償器において制御量を微分して制御対象に加えても，同じように過渡特性の改善に効果があることがわかる．◀

演習 9.3 ▷ 定常偏差が残る理由

図 9.5 に示すように，制御装置に比例動作を設けるだけでは，ステップ状の目標値変化に対して定常偏差が残る．この理由を説明せよ．

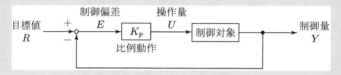

図 9.5　比例動作のみの制御系

解　図 9.5 に示す制御系において，いま，定常状態において操作量が U_1 のとき，制御量が Y_1 になって目標値 R_1 に一致しているとする．制御対象の静特性が図 9.6 (a) のようであるとき，上記の U_1, Y_1, R_1 の関係は図的にとらえることができる．

この定常状態から，目標値を R_1 よりも大きな R_2 に変更したとする．いままでゼロであった制御偏差は $R_2 - Y_1$ になり，制御装置は，これを減らすように操作量を増加させて，制御量を新しい目標値 R_2 に一致させようとはたらく．この結果，操作量が U_1 のとき $Y_1 = R_1$ になってバランスしていた定常状態から，目標値変更によって制御量は新たに Y_2 という定常状態に落ち着いたとする．

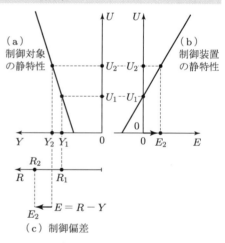

図 9.6　定常偏差が残る理由

このときの操作量の増加分は，制御対象の静特性からすぐにわかる．さらには，図 9.6 (b) に表す制御装置の静特性から，操作量 U_2 を作り出すのに必要な制御偏差 E_2 の大きさを割り出すことができる．

結局，図 9.6 から，E_2 の大きさの制御偏差が制御量を Y_2 の値に保つために必要であることがわかる．すなわち，Y_2 は R_2 に一致しない．◀

解説

比例動作のゲイン K_P を大きくすれば，ステップ状の目標値変化に対する定常偏差を小さくできることを示そう．

図9.6において，比例動作のゲイン K_P を大きな値にすると，図9.7 (b)のように制御装置の静特性の直線の傾きは急になる．

図9.7 (b)の E_2' と図9.7 (c)の E_2' は，どちらも同じく定常偏差を表しているので，それらの大きさが等しくなるところが目標値変更による新たな定常状態である．さらには，制御量の定常値 Y_2' とそれを保持する操作量の定常値 U_2' も図的に求めることができる．図9.6の E_2 と比べると明らかに E_2' のほうが小さい．

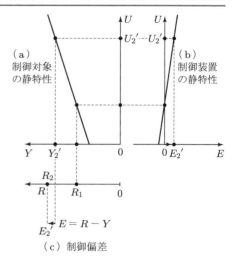

図9.7 比例動作のゲインを大きくしたときの定常偏差

演習 9.4 ▷ 積分動作の効果

図9.8のように，前置補償器に積分動作を設けたとき，閉ループ系の特性にどのような効果があるか調べよ．

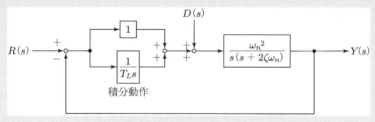

図9.8 前置補償器に積分動作を設けた制御系

解 積分動作の表現を $\frac{c_0}{s}$ に変えたうえで，前向き伝達関数を表すと，

$$G(s) = \left(1 + \frac{c_0}{s}\right) \cdot \frac{\omega_n{}^2}{s(s + 2\zeta\omega_n)} = \frac{(s + c_0)\omega_n{}^2}{s^2(s + 2\zeta\omega_n)} \tag{9.13}$$

となる．したがって，閉ループ系の伝達関数は以下のように求められる．

$$W(s) = \frac{Y(s)}{R(s)} = \frac{G(s)}{1 + G(s)} = \frac{\dfrac{(s + c_0)\omega_n{}^2}{s^2(s + 2\zeta\omega_n)}}{1 + \dfrac{(s + c_0)\omega_n{}^2}{s^2(s + 2\zeta\omega_n)}} = \frac{(s + c_0)\omega_n{}^2}{s^2(s + 2\zeta\omega_n) + (s + c_0)\omega_n{}^2}$$

$$= \frac{\omega_n{}^2 s + c_0 \omega_n{}^2}{s^3 + 2\zeta\omega_n s^2 + \omega_n{}^2 s + c_0 \omega_n{}^2} \tag{9.14}$$

また，目標値 $R(s)$ から制御偏差 $E(s)$ までの伝達関数は次式となる．

$$\frac{E(s)}{R(s)} = \frac{1}{1 + G(s)} = \frac{1}{1 + \dfrac{(s + c_0)\omega_n{}^2}{s^2(s + 2\zeta\omega_n)}} = \frac{s^2(s + 2\zeta\omega_n)}{s^2(s + 2\zeta\omega_n) + (s + c_0)\omega_n{}^2}$$

$$= \frac{s^3 + 2\zeta\omega_n s^2}{s^3 + 2\zeta\omega_n s^2 + \omega_n{}^2 s + c_0 \omega_n{}^2} \tag{9.15}$$

ここで，目標値 $R(s)$ の単位ステップ変化に対する定常偏差を求めよう．ラプラス変換の最終値の定理から

$$e_p = \lim_{t \to \infty} e(t) = \lim_{s \to 0} sE(s) = \lim_{s \to 0} s \cdot \frac{s^3 + 2\zeta\omega_n s^2}{s^3 + 2\zeta\omega_n s^2 + \omega_n{}^2 s + c_0 \omega_n{}^2} \cdot \frac{1}{s} = \frac{0}{c_0 \omega_n{}^2} = 0 \tag{9.16}$$

となる．したがって，積分動作を設けることで定常偏差をゼロにできることを確認した．

つぎに，外乱抑制性能について検証する．$R(s) = 0$ とおいて，図 9.8 のブロック線図からつぎの関係式が成り立っていることがわかる．

$$Y(s) = \frac{\omega_n{}^2}{s(s + 2\zeta\omega_n)} \cdot \left\{ D(s) - \left(1 + \frac{c_0}{s}\right) Y(s) \right\}$$

$$= \frac{\omega_n{}^2}{s(s + 2\zeta\omega_n)} D(s) - \frac{s + c_0}{s} \cdot \frac{\omega_n{}^2}{s(s + 2\zeta\omega_n)} Y(s)$$

$$\therefore \left\{ 1 + \frac{(s + c_0)\omega_n{}^2}{s^2(s + 2\zeta\omega_n)} \right\} Y(s) = \frac{\omega_n{}^2}{s(s + 2\zeta\omega_n)} D(s) \tag{9.17}$$

したがって，外乱 $D(s)$ から制御量 $Y(s)$ までの伝達関数は次式となる．

$$\frac{Y(s)}{D(s)} = \frac{\dfrac{\omega_n{}^2}{s(s + 2\zeta\omega_n)}}{1 + \dfrac{(s + c_0)\omega_n{}^2}{s^2(s + 2\zeta\omega_n)}} = \frac{\omega_n{}^2 s}{s^2(s + 2\zeta\omega_n) + (s + c_0)\omega_n{}^2}$$

$$= \frac{\omega_n{}^2 s}{s^3 + 2\zeta\omega_n s^2 + \omega_n{}^2 s + c_0 \omega_n{}^2} \tag{9.18}$$

ここで，単位ステップ状の外乱 $D(s)$ が印加されたときの制御量の定常値 $y(\infty)$ に及ぼす影響 $y_d(\infty)$ を求めよう．ラプラス変換の最終値の定理から

$$y_d(\infty) = \lim_{t \to \infty} y(t) = \lim_{s \to 0} sY(s) = \lim_{s \to 0} s \cdot \frac{\omega_n{}^2 s}{s^3 + 2\zeta\omega_n s^2 + \omega_n{}^2 s + c_0 \omega_n{}^2} \cdot \frac{1}{s} = \frac{0}{c_0 \omega_n{}^2}$$

$$= 0 \tag{9.19}$$

となる．したがって，積分動作を設けることで制御量の定常値 $y(\infty)$ に及ぼす影響 $y_d(\infty)$ を
ゼロにできることを確認した． ◀

解説

前置補償器に積分動作を設けない場合について考察しよう．この場合は，$c_0 = 0$ とおけば
よい．式 (9.15) で $c_0 = 0$ とすれば，目標値 $R(s)$ から制御偏差 $E(s)$ までの伝達関数は次式
となる．

$$\frac{E(s)}{R(s)} = \frac{s^2 + 2\zeta\omega_n s}{s^2 + 2\zeta\omega_n s + \omega_n{}^2} \tag{9.20}$$

ここで，目標値 $R(s)$ の単位ステップ変化に対する定常偏差 e_p を求めよう．ラプラス変換
の最終値の定理から

$$e_p = \lim_{t\to\infty} e(t) = \lim_{s\to0} sE(s) = \lim_{s\to0} s\cdot\frac{s^2 + 2\zeta\omega_n s}{s^2 + 2\zeta\omega_n s + \omega_n{}^2}\cdot\frac{1}{s} = \frac{0}{\omega_n{}^2} = 0 \tag{9.21}$$

となる．よって，前置補償器に積分動作を設けなくても定常偏差をゼロにできることを確認
した．制御対象自身が，原点に極をもっているので積分動作のはたらきがあり，そのため，前
置補償器に積分動作を設ける必要はなかった．

同様に，外乱抑制性能についても検証しよう．外乱 $D(s)$ から制御量 $Y(s)$ までの伝達関数
は，式 (9.18) で $c_0 = 0$ とすればよい．

$$\frac{Y(s)}{D(s)} = \frac{\omega_n{}^2}{s^2 + 2\zeta\omega_n s + \omega_n{}^2} \tag{9.22}$$

ここで，単位ステップ状の外乱 $D(s)$ が印加されたときの制御量の定常値 $y(\infty)$ に及ぼす
影響 $y_d(\infty)$ を求めよう．ラプラス変換の最終値の定理から

$$y_d(\infty) = \lim_{t\to\infty} y(t) = \lim_{s\to0} sY(s) = \lim_{s\to0} s\cdot\frac{\omega_n{}^2}{s^2 + 2\zeta\omega_n s + \omega_n{}^2}\cdot\frac{1}{s} = \frac{\omega_n{}^2}{\omega_n{}^2} = 1 \tag{9.23}$$

となる．したがって，積分動作が制御対象自身にあったとしても，前置補償器に積分動作を
設けなくては，制御量の定常値 $y(\infty)$ に及ぼす影響 $y_d(\infty)$ をゼロにすることはできないこと
がわかる．

第10章
部分的モデルマッチング法

基本 図10.1 に示すように，フィードバック制御系と参照モデルを s の低次から順にマッチングさせる作業において，制御装置の複雑さに応じた次数でマッチングを中断するのがこの手法の特徴である．

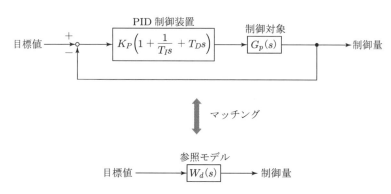

図 10.1 PID 制御系と参照モデル

制御対象：$G_p(s) = \dfrac{1}{h_0 + h_1 s + h_2 s^2 + \cdots}$ (10.1)

PID 制御装置：$\dfrac{c(s)}{s} = \dfrac{c_0 + c_1 s + c_2 s^2 + \cdots}{s}$ (10.2)

参照モデル：$W_d(s) = \dfrac{1}{1 + \sigma s + \alpha_2 \sigma^2 s^2 + \alpha_3 \sigma^3 s^3 + \cdots}$ (10.3)

PI 動作：$\dfrac{c(s)}{s} = \dfrac{c_0 + c_1 s}{s}$

σ の2次方程式

$$(\alpha_2{}^2 - \alpha_3) h_0 \sigma^2 - \alpha_2 h_1 \sigma + h_2 = 0 \tag{10.4}$$

を解き，正の最小のものを採用する．その σ を使って，c_0 と c_1 を求める．

$$c_0 = \dfrac{h_0}{\sigma} \tag{10.5}$$

$$c_1 = \dfrac{h_1}{\sigma} - \alpha_2 h_0 \tag{10.6}$$

PID 動作：$\dfrac{c(s)}{s} = \dfrac{c_0 + c_1 s + c_2 s^2}{s}$

σ の 3 次方程式

$$(\alpha_2{}^3 - 2\alpha_2\alpha_3 + \alpha_4)\,h_0\sigma^3 - (\alpha_2{}^2 - \alpha_3)\,h_1\sigma^2 + \alpha_2 h_2\sigma - h_3 = 0 \quad (10.7)$$

を解き，正の最小のものを採用する．その σ を使って，c_0, c_1, c_2 を求める．

$$c_0 = \frac{h_0}{\sigma} \qquad\qquad\qquad\qquad (10.5\ 再掲)$$

$$c_1 = \frac{h_1}{\sigma} - \alpha_2 h_0 \qquad\qquad\qquad (10.6\ 再掲)$$

$$c_2 = \frac{h_2}{\sigma} - \alpha_2 h_1 + (\alpha_2{}^2 - \alpha_3)\,h_0\sigma \qquad (10.8)$$

I 動作の直列補償器と PD 動作のフィードバック補償器を備えた図 10.2 の構造の制御系を I-PD 制御系という．

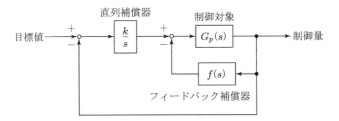

図 10.2　I-PD 制御系

制御対象：$G_p(s) = \dfrac{1}{h_0 + h_1 s + h_2 s^2 + \cdots}$ $\qquad\qquad$ (10.1 再掲)

直列補償器：$G_c(s) = \dfrac{k}{s}$ $\qquad\qquad\qquad\qquad\qquad$ (10.9)

フィードバック補償器：$f(s) = f_0 + f_1 s + f_2 s^2 + \cdots$ $\qquad\qquad$ (10.10)

参照モデル：$W_d(s) = \dfrac{1}{1 + \sigma s + \alpha_2\sigma^2 s^2 + \alpha_3\sigma^3 s^3 + \cdots}$ $\qquad$ (10.3 再掲)

I-P 動作：$\dfrac{k}{s}$, $f(s) = f_0$

$$\sigma = \frac{\alpha_2 h_2}{\alpha_3 h_1} \qquad\qquad\qquad\qquad (10.11)$$

$$k = \frac{h_1}{\alpha_2\sigma^2} \qquad\qquad\qquad\qquad (10.12)$$

$$f_0 = k\,\sigma - h_0 \tag{10.13}$$

I-PD 動作：$\dfrac{k}{s}$,　$f(s) = f_0 + f_1 s$

$$\sigma = \frac{\alpha_3 h_3}{\alpha_4 h_2} \tag{10.14}$$

$$k = \frac{h_2}{\alpha_3 \sigma^3} \tag{10.15}$$

$$f_0 = k\,\sigma - h_0 \tag{10.13 再掲}$$

$$f_1 = \alpha_2 k\,\sigma^2 - h_1 \tag{10.16}$$

10.1　□ むだ時間系に対して PID 制御と I-PD 制御を施す

演習 10.1 ▷ むだ時間系に対する PID 制御

制御対象

$$G_p(s) = \frac{b(s)}{a(s)} = \frac{1}{1+s} \cdot \frac{12 - 6 \times 0.5 s + 0.5^2 s^2}{12 + 6 \times 0.5 s + 0.5^2 s^2} \tag{10.17}$$

は，パディ近似（p.144 解説参照）したむだ時間 0.5 を含んだ立ち上がり時間 1.0 の 1 次遅れ系である．PID 制御系を設計せよ．

解　制御対象の単位ステップ応答を図 10.3 に示す．

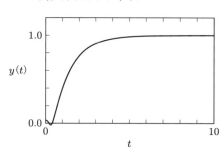

図 **10.3**　制御対象 (10.17) のステップ応答

参照モデルを

$$W_d(s) = \frac{1}{\alpha(s)} = \frac{1}{\alpha_0 + \alpha_1 \sigma s + \alpha_2 \sigma^2 s^2 + \alpha_3 \sigma^3 s^3 + \cdots} \tag{10.18}$$

$$\{\alpha_0, \alpha_1, \alpha_2, \alpha_3, \ldots\} = \left\{ 1, 1, \frac{1}{2}, \frac{3}{20}, \frac{3}{100}, \frac{3}{1000}, \ldots \right\} \tag{10.19}$$

として，図 10.4 に示す PID 制御系を設計しよう．

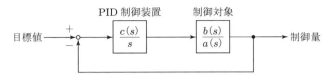

図 10.4 PID 制御系

まず，制御対象を分母系列表現

$$h(s) = \frac{a(s)}{b(s)} = h_0 + h_1 s + h_2 s^2 + \cdots \tag{10.20}$$

にしたうえで，PI 動作の制御装置を

$$\frac{c(s)}{s} = \frac{c_0 + c_1 s}{s} \tag{10.21}$$

とおく．σ を求める方程式は次式となる．

$$0.1\sigma^2 - 0.75\sigma + 0.625 = 0 \tag{10.22}$$

解は，6.5451, 0.9549 であるから，$\sigma = 0.9549$ とする．この値を使って c_0, c_1 を求める．

$$c_0 = \frac{h_0}{\sigma} = 1.0472 \tag{10.23}$$

$$c_1 = \frac{h_1}{\sigma} - \alpha_2 h_0 = 1.0708 \tag{10.24}$$

図 10.1 の表現であれば，つぎのようになる．

$$K_P = c_1 = 1.0708 \tag{10.25}$$

$$T_I = \frac{K_P}{c_0} = 1.0226 \tag{10.26}$$

つぎに PID 動作で設計しよう．制御装置は

$$\frac{c(s)}{s} = \frac{c_0 + c_1 s + c_2 s^2}{s} \tag{10.27}$$

である．σ を求める方程式は

$$0.005\sigma^3 - 0.15\sigma^2 + 0.3125\sigma - 0.1458 = 0 \tag{10.28}$$

となり，解は，27.789, 1.5215, 0.6898 である．$\sigma = 0.6898$ とすると，

$$c_0 = \frac{h_0}{\sigma} = 1.4497 \tag{10.29}$$

$$c_1 = \frac{h_1}{\sigma} - \alpha_2 h_0 = 1.6745 \tag{10.30}$$

$$c_2 = \frac{h_2}{\sigma} - \alpha_2 h_1 + (\alpha_2{}^2 - \alpha_3)h_0\sigma = 0.2250 \tag{10.31}$$

と計算され，図 10.1 の表現であれば，つぎのようになる．

$$K_P = c_1 = 1.6745 \tag{10.32}$$

$$T_I = \frac{K_P}{c_0} = 1.1551 \tag{10.33}$$

$$T_D = \frac{c_2}{K_P} = 0.1344 \tag{10.34}$$

目標値をステップ状に変化させたとき，および操作端に単位ステップ状の外乱が印加したときの PID 制御系の時間応答を図 10.5 と図 10.6 に示す．

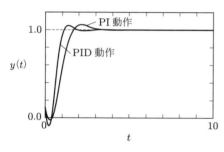

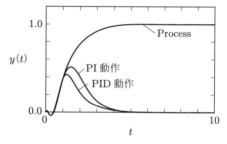

図 10.5 PID 制御系の目標値追従性能　　図 10.6 PID 制御系の外乱抑制性能 ◀

解説

長さ L のむだ時間は e^{-Ls} で表される．これを有理関数で近似表現する手法にパディ近似がある．

- 1 次のパディ近似

$$e^{-Ls} = \frac{1 - \dfrac{Ls}{2}}{1 + \dfrac{Ls}{2}} \tag{10.35}$$

- 2 次のパディ近似

$$e^{-Ls} = \frac{1 - \dfrac{Ls}{2} + \dfrac{(Ls)^2}{12}}{1 + \dfrac{Ls}{2} + \dfrac{(Ls)^2}{12}} \tag{10.36}$$

- 3 次のパディ近似

$$e^{-Ls} = \frac{1 - \dfrac{Ls}{2} + \dfrac{(Ls)^2}{10} - \dfrac{(Ls)^3}{120}}{1 + \dfrac{Ls}{2} + \dfrac{(Ls)^2}{10} + \dfrac{(Ls)^3}{120}} \tag{10.37}$$

$L = 0.5$ を式 (10.36) に代入すると,

$$e^{-0.5s} = \cfrac{1 - \cfrac{0.5s}{2} + \cfrac{(0.5s)^2}{12}}{1 + \cfrac{0.5s}{2} + \cfrac{(0.5s)^2}{12}} = \frac{12 - 6 \times 0.5s + 0.5^2 s^2}{12 + 6 \times 0.5s + 0.5^2 s^2} \tag{10.38}$$

となる. したがって, 式 (10.17) は 2 次のパディ近似したむだ時間 0.5 を含んでいることが理解できる.

演習 10.2 ▷ むだ時間系に対する I-PD 制御

演習 10.1 と同じ制御対象 (10.17) に対し, 参照モデルの係数列も同じく式 (10.18), (10.19) として, I-PD 制御系を設計せよ.

解 I-PD 制御系を図 10.7 に示す

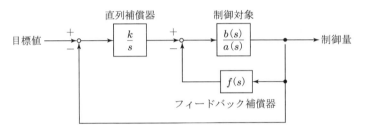

図 10.7 I-PD 制御系

I-P 動作で設計するときは, 図 10.7 中のフィードバック補償器を

$$f(s) = f_0 \tag{10.39}$$

とする. このとき σ は次式で計算される.

$$\sigma = \frac{\alpha_2 h_2}{\alpha_3 h_1} = 1.3889 \tag{10.40}$$

この σ を使って k と f_0 を計算する.

$$k = \frac{h_1}{\alpha_2 \sigma^2} = 1.5552 \tag{10.41}$$

$$f_0 = k\sigma - h_0 = 1.1600 \tag{10.42}$$

つぎに, I-PD 動作で設計しよう. フィードバック補償器は, $f(s) = f_0 + f_1 s$ である.

$$\sigma = \frac{\alpha_3 h_3}{\alpha_4 h_2} = 1.1667 \tag{10.43}$$

$$k = \frac{h_2}{\alpha_3 \sigma^3} = 2.6237 \tag{10.44}$$

$$f_0 = k\sigma - h_0 = 2.0610 \tag{10.45}$$

$$f_1 = \alpha_2 k\sigma^2 - h_1 = 0.2857 \tag{10.46}$$

　目標値をステップ状に変化させたとき，および操作端に単位ステップ状の外乱が印加したときの I-PD 制御系の時間応答を図 10.8 と図 10.9 に示す．

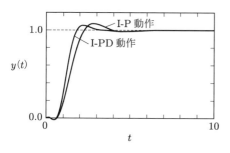

図 10.8　I-PD 制御系の目標値追従性能

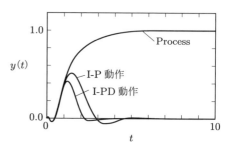

図 10.9　I-PD 制御系の外乱抑制性能　◀

第11章
根軌跡法

基本　一巡伝達関数が

$$\frac{K(s-z_1)(s-z_2)\cdots(s-z_m)}{(s-p_1)(s-p_2)\cdots(s-p_n)}, \quad n > m \tag{11.1}$$

で与えられるとき，根軌跡法は，つぎの六つの性質に整理できる．

　性質①　実軸に対して対称である．

　性質②　極から出発して，m 個は零点に収束し，残りは無限遠に発散する．

　性質③　実軸上の軌跡は，その区間の右実軸上に奇数個の極，零点を数える部
　　　　　分である．

　性質④　無限遠に発散する特性根は，傾きが

$$\theta = \frac{N\pi}{n-m}, \quad N = \pm 1, \pm 3, \ldots \tag{11.2}$$

　　　　　である直線に漸近する．これらの特性根を質点とみたてたときの重心は

$$\sigma_c = \frac{1}{n-m}\left(\sum_{i=1}^{n} p_i - \sum_{i=1}^{m} z_i\right) \tag{11.3}$$

　　　　　となる．

　性質⑤　分岐点では次式を満たす．

$$\frac{1}{s-p_1} + \cdots + \frac{1}{s-p_n} - \frac{1}{s-z_1} - \cdots - \frac{1}{s-z_m} = 0 \tag{11.4}$$

　性質⑥　虚軸との交点は，ラウス－フルビッツの安定判別法から求められる．

〈ゲイン条件式〉

$$\frac{|s-p_1||s-p_2|\cdots|s-p_n|}{|s-z_1||s-z_2|\cdots|s-z_m|} = K \tag{11.5}$$

〈位相条件式〉

$$\angle(s-p_1) + \cdots + \angle(s-p_n) - \angle(s-z_1) - \cdots - \angle(s-z_m) = N\pi$$
$$N = \pm 1, \pm 3, \ldots \tag{11.6}$$

11.1 ▢ 分母と分子の次数差が 1 の数値例に根軌跡法を適用する

演習 11.1 ▷ 次数差が 1 の根軌跡
一巡伝達関数が次式で与えられる制御系の根軌跡を，根軌跡法を使って描け．

$$\frac{K(s+3)}{(s+1)(s+2)} \tag{11.7}$$

解 まず，次数差，極，零点をまとめる．

$$n - m = 1 \tag{11.8}$$

$$p_1 = -1, \qquad p_2 = -2, \qquad z_1 = -3 \tag{11.9}$$

性質②：極 $-1, -2$ を出発し，$K = \infty$ で 1 個は -3 に収束し，もう 1 個は発散する．

性質③：実軸上には極と零点を合わせて 3 個存在している．「その区間の右実軸上に奇数個の極，零点を数える部分」は，$p_1 = -1$ と $p_2 = -2$ で区切られた区間および $z_1 = -3$ の左側である．ここまでを図 11.1 に示す．

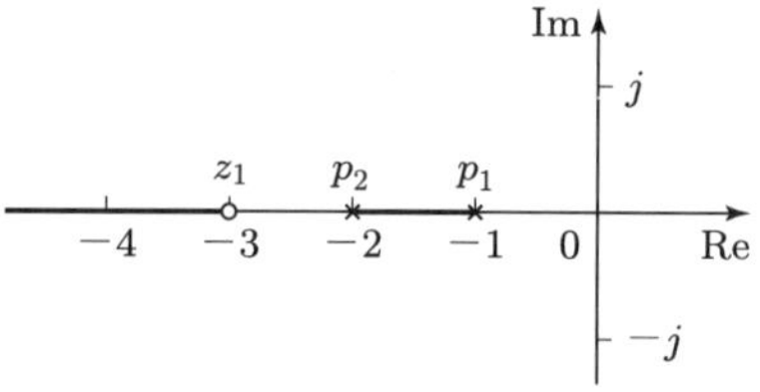

性質④：漸近線を求める．

$$\theta = N\pi, \quad N = \pm 1, \pm 3, \dots \tag{11.10}$$

であるから，$\theta = \pm \pi$ の角度である．また，重心は

$$\sigma_c = \frac{1}{1}\{(-1) + (-2) - (-3)\} = 0 \tag{11.11}$$

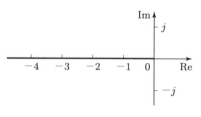

図 11.1 極，零点と実軸上の根軌跡

と求められる．したがって，漸近線は図 11.2 となる．

これまでに作成した二つの図から，つぎのことがわかる．-1 と -2 を出発した 2 個の特性根は，実軸上を移動して -1 と -2 の間で重根となり，その後，分岐する．性質①から共役複素根となって実軸対称を保って移動し，-3 より左側の実軸上で再び重根となる．その後，分岐して左右に分かれ，どちらも実軸から離れることなく移動し，1 個は -3 に収束し，もう 1 個は実軸負の方向に発散する．そこで，分岐点を求めよう．

図 11.2 漸近線

性質⑤：分岐点を求める．

$$\frac{1}{s+1} + \frac{1}{s+2} - \frac{1}{s+3} = 0 \tag{11.12}$$

を整理して

$$s^2 + 6s + 7 = 0 \tag{11.13}$$

となる．上式を解いて，-1.586，-4.414 を得る．ここで，二つの分岐点における K の値を求めておこう．

特性方程式は

$$1 + \frac{K(s+3)}{(s+1)(s+2)} = 0 \tag{11.14}$$

であるから，つぎのように求められる．

$$K = - \left. \frac{(s+1)(s+2)}{(s+3)} \right|_{s=-1.586} = -\frac{(-0.586)(0.414)}{1.414} = 0.1716 \tag{11.15}$$

$$K = - \left. \frac{(s+1)(s+2)}{(s+3)} \right|_{s=-4.414} = -\frac{(-3.414)(-2.414)}{-1.414} = 5.828 \tag{11.16}$$

以上の情報に基づいて根軌跡を描くと図 11.3 となる．

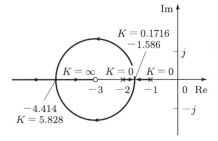

図 **11.3** 演習 11.1 の根軌跡 ◀

11.2 📓 分母と分子の次数差が 2 の数値例に根軌跡法を適用する

演習 11.2 ▷ 次数差が 2 の根軌跡 1
一巡伝達関数が次式で与えられる制御系の根軌跡を，根軌跡法を使って描け．

$$\frac{K(s+1)}{(s+2)(s^2+2s+2)} \tag{11.17}$$

解 まず，次数差，極，零点をまとめる．

$$n - m = 2 \tag{11.18}$$

$$p_1 = -2, \qquad p_{2,3} = -1 \pm j, \qquad z_1 = -1 \tag{11.19}$$

性質②：3 個の特性根は，式 (11.19) に示す極を出発し，$K = \infty$ で 1 個は -1 に収束し，残りの 2 個は発散する．

性質③：実軸上には極と零点を合わせて 2 個存在している．「その区間の右実軸上に奇数個の極，零点を数える部分」は，$p_1 = -2$ と $z_1 = -1$ で区切られた区間である．ここまでを図 11.4 に示す．

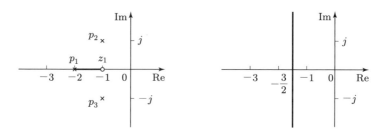

図 11.4　極，零点と実軸上の根軌跡　　　　図 11.5　漸近線

性質④：漸近線を求める.

$$\theta = \frac{N\pi}{2}, \quad N = \pm 1, \pm 3, \ldots \tag{11.20}$$

であるから，$\theta = \pm\dfrac{\pi}{2}, \pm\dfrac{3}{2}\pi, \pm\dfrac{5}{2}\pi, \ldots$ の角度である．また，重心は

$$\sigma_c = \frac{1}{2}\{-2 + (-1+j) + (-1-j) - (-1)\} = -\frac{3}{2} \tag{11.21}$$

と求められる．したがって，漸近線は図 11.5 となる．

　これまでに作成した二つの図から，つぎのことがわかる．-2 を出発した特性根は実軸上を移動し -1 に収束する．また，$-1 \pm j$ を出発した特性根は漸近線方向に発散する．このとき，虚軸を横切ることなくつねに左半平面を移動することを確かめておくことにしよう．

　特性方程式は

$$1 + \frac{K(s+1)}{(s+2)(s^2+2s+2)} = 0 \tag{11.22}$$

であるから，分母を払って整理すると，

$$s^3 + 4s^2 + (6+K)s + 4 + K = 0 \tag{11.23}$$

となる．ラウス表はつぎのようになる．

$$
\begin{array}{llll}
s^3 \text{行} & 1 & 6+K & 0 \\
s^2 \text{行} & 4 & 4+K & \\
s^1 \text{行} & \dfrac{20+3K}{4} & 0 & \\
s^0 \text{行} & 4+K & &
\end{array}
$$

　$K > 0$ において最左端の列はつねに正となるから，このシステムは安定，すなわち，根軌跡は K の値にかかわらず左半平面に存在する．

　根軌跡法としてまとめられている六つの性質から得られる情報はこれがすべてであって，通常はここまでである．今回は，複素共役根でつくる 2 個の特性根が出発点からどの方向に動き出すかを調べることとする．それには，位相条件式を使う．

　図 11.6 に示すように，極 p_2 から離れたばかりの，ごく近傍の特性根 s を考えると，位相条件式は次式となる．

$$\angle(s - p_1) + \angle(s - p_2) + \angle(s - p_3) - \angle(s - z_1) = N\pi, \quad N = \pm 1, \pm 3, \ldots \quad (11.24)$$

したがって，

$$45^\circ + \phi + 90^\circ - 90^\circ = 180^\circ \times N, \quad N = \pm 1, \pm 3, \ldots \quad (11.25)$$

となるので，

$$\phi = 135^\circ, -225^\circ, \ldots \quad (11.26)$$

と求められる．極 p_2 を出発する特性根の動きは図 11.7 のようになる．

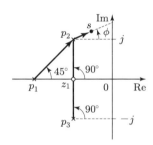

図 **11.6** 出発点の動き

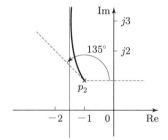

図 **11.7** 極 p_2 を出発する特性根の動き

　以上の情報をもとに作図をすると，根軌跡は図 11.8 となる．

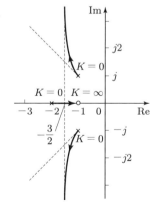

図 **11.8** 演習 11.2 の根軌跡 ◀

演習 11.3 ▷ 次数差が 2 の根軌跡 2

一巡伝達関数が次式で与えられる制御系の根軌跡を，根軌跡法を使って描け.

$$\frac{K(1+s)}{s^2(1+0.4s)} \tag{11.27}$$

解　まず，次数差，極，零点をまとめる.

$$n - m = 2 \tag{11.28}$$

$$p_{1,2} = 0, \qquad p_3 = -2.5, \qquad z_1 = -1 \tag{11.29}$$

性質②：式 (11.29) に示す極を出発し，$K = \infty$ で 1 個は -1 に収束し，残りの 2 個は発散する.

性質③：実軸上には極と零点を合わせて 4 個存在している.「その区間の右実軸上に奇数個の極，零点を数える部分」は，$p_3 = -2.5$ と $z_1 = -1$ で区切られた区間である. ここまでを図 11.9 に示す.

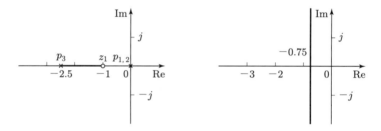

図 11.9　極，零点と実軸上の根軌跡　　　図 11.10　漸近線

性質④：漸近線を求める.

$$\theta = \frac{N\pi}{2}, \quad N = \pm 1, \pm 3, \dots \tag{11.30}$$

であるから，$\theta = \pm \dfrac{\pi}{2}$ の角度である. また，重心は

$$\sigma_c = \frac{1}{2}\{0 + 0 - 2.5 - (-1)\} = -\frac{1.5}{2} = -0.75 \tag{11.31}$$

と求められる. したがって，漸近線は図 11.10 となる.

これまでに作成した二つの図から，つぎのことがわかる. 原点に存在する極 $p_{1,2} = 0$ を出発した特性根は，すぐに分岐して漸近線へと向かい発散する. $p_3 = -2.5$ を出発した特性根は実軸上を移動して $z_1 = -1$ に収束する.

複素共役根でつくる 2 個の特性根が，出発点からどの方向に動き出すかを調べてみよう. それには，位相条件式を使う. 図 11.11 に示すように，極 $p_{1,2} = 0$ から離れたばかりの，ごく近傍の特性根 s を考えると，位相条件式は次式となる.

$$\left.\begin{array}{l} \angle(s-p_1) + \angle(s-p_2) \\ \quad + \angle(s-p_3) - \angle(s-z_1) = N\pi, \\ N = \pm 1, \pm 3, \dots \end{array}\right\} \quad (11.32)$$

したがって,

$$\phi + \phi + 0^\circ - 0^\circ = 180^\circ \times N,$$
$$N = \pm 1, \pm 3, \dots \qquad (11.33)$$

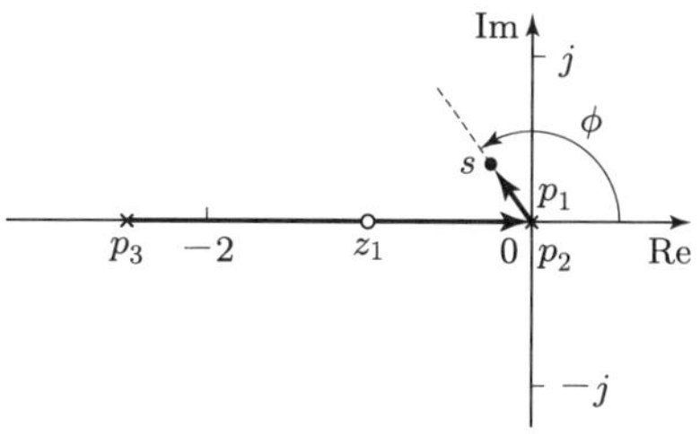

となるので,

$$\phi = \pm 90^\circ, \pm 270^\circ, \dots \qquad (11.34)$$

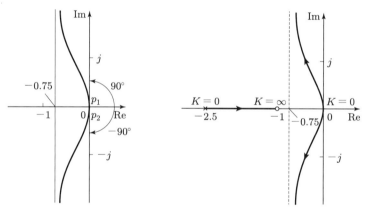

図 11.11 出発点の動き

と求められる. 極 $p_{1,2} = 0$ を出発する特性根の動きは図 11.12 のようになる.

以上から,根軌跡は図 11.13 となる.

図 11.12 極 $p_{1,2}$ を出発する
特性根の動き

図 11.13 演習 11.3 の根軌跡

11.3 分母と分子の次数差が 3 の数値例に根軌跡法を適用する

演習 11.4 ▷ 次数差が 3 の根軌跡 1

一巡伝達関数が次式で与えられる制御系の根軌跡を,根軌跡法を使って描け.

$$\frac{K}{s(s^2 + 4s + 5)} \qquad (11.35)$$

解 まず,次数差,極,零点をまとめる.

$$n - m = 3 \qquad (11.36)$$
$$p_1 = 0, \qquad p_{2,3} = -2 \pm j \qquad (11.37)$$

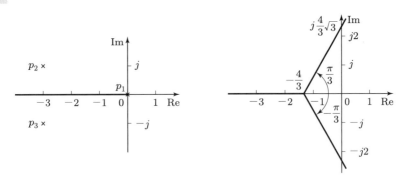

図 **11.14** 極と実軸上の根軌跡   図 **11.15** 漸近線

性質②：3 個の特性根は，式 (11.37) に示す極を出発し，$K = \infty$ で 3 個すべて発散する.

性質③：実軸上には極が 1 個だけ原点に存在している.「その区間の右実軸上に奇数個の極，零点を数える部分」は，原点より左側の実軸すべてである. ここまでを図 11.14 に示す.

性質④：漸近線を求める.

$$\theta = \frac{N\pi}{3}, \quad N = \pm 1, \pm 3, \ldots \tag{11.38}$$

であるから，$\theta = \pm\frac{\pi}{3}$, $\pm\pi$, $\pm\frac{5}{3}\pi$, ... の角度である. また，重心は

$$\sigma_c = \frac{1}{3}\{0 + (-2 + j) + (-2 - j)\} = -\frac{4}{3} \tag{11.39}$$

と求められる. したがって，漸近線は図 11.15 となる.

これまでに作成した二つの図から，つぎのことがわかる. $-2 \pm j$ を出発した特性根は実軸上で重根となった後，分岐して実軸上を左右に分かれて移動する. 分岐点より左側に移動した特性根は発散する. 一方，右側に移動した特性根は，原点を出発した特性根と重根となり，その後，分岐して共役複素数となって，傾き $\theta = \pm\frac{\pi}{3}$ の漸近線へと向かう. これにより，原点を含む負の実軸がすべて根軌跡となりうる.

実は，もう一つ仮説を立てることができる. それは，$-2 \pm j$ を出発した特性根はそれぞれ傾き $\theta = \pm\frac{\pi}{3}$ の漸近線に向かい，また，原点を出発した特性根は，実軸を負の方向に移動し，そのまま発散する. この場合は，分岐は生じないので，分岐点は存在しない.

上記どちらの根軌跡となるかは，分岐点を計算することで判明する.

性質⑤：分岐点を求める.

$$\frac{1}{s} + \frac{1}{s + 2 - j} + \frac{1}{s + 2 + j} = 0 \tag{11.40}$$

を整理して

$$3s^2 + 8s + 5 = 0 \tag{11.41}$$

となる．上式を解いて，$-\dfrac{5}{3}, -1$ を得るので，分岐点は 2 個存在し，したがって前者の根軌跡の形状が正しいとわかる．

二つの分岐点における K の値を求めなくてはならない．特性方程式は

$$1 + \frac{K}{s(s^2 + 4s + 5)} = 0 \tag{11.42}$$

であるから，

$$K = -\left. s(s^2 + 4s + 5)\right|_{s=-\frac{5}{3}} = \frac{5}{3}\left(\frac{25}{9} - \frac{20}{3} + 5\right) = \frac{50}{27} = 1.852 \tag{11.43}$$

$$K = -\left. s(s^2 + 4s + 5)\right|_{s=-1} = -(-1)(1 - 4 + 5) = 2 \tag{11.44}$$

と求められる．分岐点まわりの様子を図 11.16 に示す．

図 11.15 から明らかなように，3 本の漸近線のうち傾き $\theta = \pm\dfrac{\pi}{3}$ の 2 本は，不安定領域である右半平面にまで達している．そこで，根軌跡が虚軸と交わる点を計算する．

性質⑥：特性方程式 (11.42) は分母を払うと，

$$s^3 + 4s^2 + 5s + K = 0 \tag{11.45}$$

である．ラウス表はつぎのようになる．

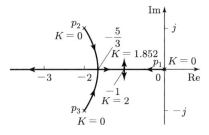

図 11.16 分岐点

s^3 行	1	5	0
s^2 行	4	K	
s^1 行	$\dfrac{20 - K}{4}$	0	
s^0 行	K		

最左端の列のすべての要素が正となることが，システムが安定になるための必要十分条件である．したがって，

$$0 < K < 20 \tag{11.46}$$

となる．根軌跡が虚軸と交わるのは $K = 20$ のときで，そのときの特性根は補助方程式

$$4s^2 + 20 = 0 \tag{11.47}$$

で与えられる．方程式 (11.47) を解いて，つぎのようになる．

$$s = \pm j\sqrt{5} = \pm j2.236 \tag{11.48}$$

以上から，根軌跡は図 11.17 となる．

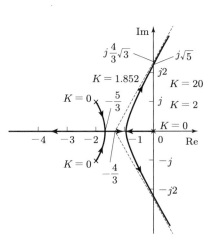

図 11.17 演習 11.4 の根軌跡 ◀

演習 11.5 ▷ 次数差が 3 の根軌跡 2

一巡伝達関数が次式で与えられる制御系の根軌跡を，根軌跡法を使って描け．

$$\frac{K(2s+1)}{s^2(s+2)(s+5)} \tag{11.49}$$

解 まず，次数差，極，零点をまとめる．

$$n - m = 3 \tag{11.50}$$

$$p_{1,2} = 0, \qquad p_3 = -2, \qquad p_4 = -5, \qquad z_1 = -0.5 \tag{11.51}$$

性質②：4 個の特性根は，式 (11.51) の極を出発し，$K = \infty$ で 1 個は -0.5 に収束し，残りの 3 個は発散する．

性質③：実軸上には極と零点を合わせて 5 個存在している．「その区間の右実軸上に奇数個の極，零点を数える部分」は，$p_3 = -2$ と $z_1 = -0.5$ で区切られた区間および $p_4 = -5$ の左側である．ここまでを図 11.18 に示す．

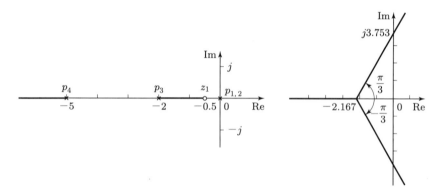

図 11.18 極，零点と実軸上の根軌跡   図 11.19 漸近線

性質④：漸近線を求める．

$$\theta = \frac{N\pi}{3}, \quad N = \pm 1, \pm 3, \dots \tag{11.52}$$

であるから，$\theta = \pm \dfrac{\pi}{3},\ \pm \pi,\ \pm \dfrac{5}{3}\pi,\ \dots$ の角度である．また，重心は

$$\sigma_c = \frac{1}{3}\{0 + 0 - 2 - 5 - (-0.5)\} = -2.167 \tag{11.53}$$

と求められる．したがって，漸近線は図 11.19 となる．

これまでに作成した二つの図から，つぎのことがわかる．-2 を出発した特性根は，実軸上を移動して $z_1 = -0.5$ に収束する．また，-5 を出発した特性根は，実軸上を負の方向に移動して発散する．原点を出発した二つの特性根は，原点ですぐに共役複素根となり，$\pm \dfrac{\pi}{3}$ の角度

の漸近線に向かう．よって，分岐点を求める必要はない．ところで，$\pm\dfrac{\pi}{3}$ の角度の漸近線は，不安定領域である右半平面にまで達している．そこで，根軌跡が虚軸と交わる点を計算する．

性質⑥：特性方程式

$$1+\frac{K(2s+1)}{s^2(s+2)(s+5)}=0 \tag{11.54}$$

の分母を払って整理することで

$$s^4+7s^3+10s^2+2Ks+K=0 \tag{11.55}$$

となる．ラウス表はつぎのようになる．

$$
\begin{array}{cccc}
s^4\ 行 & 1 & 10 & K \\
s^3\ 行 & 7 & 2K & 0 \\
s^2\ 行 & \dfrac{70-2K}{7} & K & \\
s^1\ 行 & \dfrac{(91-4K)K}{70-2K} & 0 & \\
s^0\ 行 & K & &
\end{array}
$$

最左端の列のすべての要素が正となることが，システムが安定になるための必要十分条件である．したがって，

$$0<K<22.75 \tag{11.56}$$

となる．根軌跡が虚軸と交わるのは $K=22.75$ のときで，そのときの特性根は補助方程式

$$3.5s^2+22.75=0 \tag{11.57}$$

で与えられる．方程式 (11.57) を解いて，つぎのようになる．

$$s=\pm j\sqrt{6.5}=\pm j2.550 \tag{11.58}$$

解説

根軌跡法としてまとめられている六つの性質から得られる情報はこれがすべてであって，通常はここまでである．今回は，複素共役根でつくる 2 個の特性根が出発点からどの方向に動き出すかを調べてみよう．それには，位相条件式を使う．

図 11.20 に示すように，極 $p_{1,2}=0$ から離れたばかりの，ごく近傍の特性根 s を考えると，位相条件式は次式となる．

$$\left.\begin{array}{l}\angle(s-p_1)+\angle(s-p_2)+\angle(s-p_3)+\angle(s-p_4)-\angle(s-z_1)=N\pi, \\ N=\pm1,\pm3,\ldots\end{array}\right\} \tag{11.59}$$

したがって，

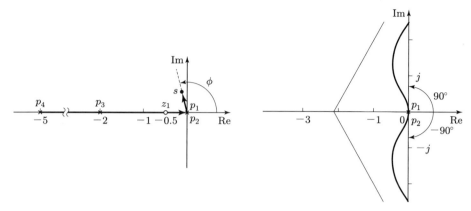

図 11.20 出発点の動き   図 11.21 極 $p_{1,2}$ を出発する特性根の動き

$$\phi + \phi + 0^\circ + 0^\circ - 0^\circ = 180^\circ \times N, \quad N = \pm 1, \pm 3, \ldots \tag{11.60}$$

となるので,

$$\phi = \pm 90^\circ, \pm 270^\circ, \ldots \tag{11.61}$$

と求められる. 極 $p_{1,2} = 0$ を出発する特性根の動きは図 11.21 のようになる.

以上から, 根軌跡は図 11.22 となる.

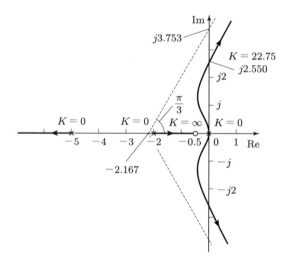

図 11.22 演習 11.5 の根軌跡

11.4 ☐ 分母と分子の次数差が 4 の数値例に根軌跡法を適用する

一巡伝達関数が次式で与えられる制御系の根軌跡を，根軌跡法を使って描け．

$$\frac{K}{s(s+1)(s+2)(s+3)} \tag{11.62}$$

解 まず，次数差，極，零点をまとめる．

$$n - m = 4 \tag{11.63}$$

$$p_1 = 0, \quad p_2 = -1, \quad p_3 = -2, \quad p_4 = -3 \tag{11.64}$$

性質②：4 個の特性根は式 (11.64) に示す極を出発し，$K = \infty$ ですべて発散する．

性質③：実軸上には極が 4 個存在している．「その区間の右実軸上に奇数個の極，零点を数える部分」は，$p_1 = 0$ と $p_2 = -1$ で区切られた区間および $p_3 = -2$ と $p_4 = -3$ で区切られた区間である．ここまでを図 11.23 に示す．

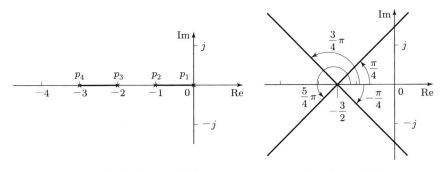

図 11.23　極と実軸上の根軌跡　　　　図 11.24　漸近線

性質④：漸近線を求める．

$$\theta = \frac{N\pi}{4}, \quad N = \pm 1, \pm 3, \dots \tag{11.65}$$

であるから，$\theta = \pm\frac{\pi}{4}, \pm\frac{3\pi}{4}, \pm\frac{5\pi}{4}, \dots$ の角度である．また，重心は

$$\sigma_c = \frac{1}{4}\{0 + (-1) + (-2) + (-3)\} = -\frac{3}{2} \tag{11.66}$$

と求められる．したがって，漸近線は図 11.24 となる．

これまでに作成した二つの図から，つぎのことがわかる．0, −1 を出発した特性根は，実軸上を移動して 0 と −1 の間で重根となり，その後，分岐して $\pm\frac{\pi}{4}$ の角度の漸近線に近づく．また，−2, −3 を出発した特性根は，実軸上を移動して −2 と −3 の間で重根となり，その後，

分岐して $\pm\dfrac{3}{4}\pi$ の角度の漸近線に近づく．そこで，分岐点を求めよう．

性質⑤：分岐点を求める．

$$\frac{1}{s} + \frac{1}{s+1} + \frac{1}{s+2} + \frac{1}{s+3} = 0 \tag{11.67}$$

を整理して

$$2s^3 + 9s^2 + 11s + 3 = 0 \tag{11.68}$$

となる．上式を解いて，$-2.618, -1.500, -0.382$ を得る．分岐点は，図 11.23 の太線上でなくてはならず，-2.618 と -0.382 であることがわかる．この二つの分岐点における K の値を求めておこう．

特性方程式は

$$1 + \frac{K}{s(s+1)(s+2)(s+3)} = 0 \tag{11.69}$$

であるから，

$$K = -(s^4 + 6s^3 + 11s^2 + 6s)\big|_{s=-2.618} = 1 \tag{11.70}$$

$$K = -(s^4 + 6s^3 + 11s^2 + 6s)\big|_{s=-0.382} = 1 \tag{11.71}$$

と求められる．分岐点まわりの様子を図 11.25 に示す

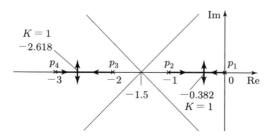

図 11.25　分岐点

ところで，$\pm\dfrac{\pi}{4}$ の角度の漸近線は，不安定領域である右半平面にまで達している．そこで，根軌跡が虚軸と交わる点を計算する．

性質⑥：特性方程式

$$1 + \frac{K}{s(s+1)(s+2)(s+3)} = 0 \tag{11.72}$$

の分母を払って

$$s^4 + 6s^3 + 11s^2 + 6s + K = 0 \tag{11.73}$$

となる. ラウス表はつぎのようになる.

$$
\begin{array}{ccccc}
s^4 \text{ 行} & 1 & 11 & K \\
s^3 \text{ 行} & 6 & 6 & 0 \\
s^2 \text{ 行} & 10 & K \\
s^1 \text{ 行} & \dfrac{60-6K}{10} & 0 \\
s^0 \text{ 行} & K
\end{array}
$$

最左端の列のすべての要素が正となることが, システムが安定になるための必要十分条件である. したがって,

$$0 < K < 10 \tag{11.74}$$

となる. 根軌跡が虚軸と交わるのは $K = 10$ のときで, そのときの特性根は補助方程式

$$10s^2 + 10 = 0 \tag{11.75}$$

で与えられる. 方程式 (11.75) を解いて, つぎのようになる.

$$s = \pm j \tag{11.76}$$

以上から, 根軌跡は図 11.26 となる.

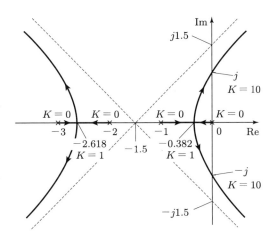

図 11.26　演習 11.6 の根軌跡 ◀

演習 11.7 ▷ **次数差が 4 の根軌跡 2**

一巡伝達関数が次式で与えられる制御系の根軌跡を, 根軌跡法を使って描け.

$$\frac{K}{s(s+2.5)(s^2+10s+26)} \tag{11.77}$$

解　まず, 次数差, 極, 零点をまとめる.

$$n - m = 4 \tag{11.78}$$

$$p_1 = 0, \qquad p_2 = -2.5, \qquad p_{3,4} = -5 \pm j \tag{11.79}$$

性質②：4 個の特性根は式 (11.79) に示す極を出発し, $K = \infty$ ですべて発散する.

性質③：実軸上には極が 2 個存在している. 「その区間の右実軸上に奇数個の極, 零点を数える部分」は, $p_1 = 0$ と $p_2 = -2.5$ で区切られた区間である. ここまでを図 11.27 に示す.

性質④：漸近線を求める.

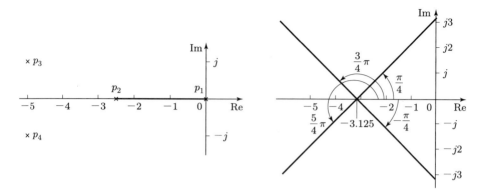

図 11.27　極と実軸上の根軌跡　　　　図 11.28　漸近線

$$\theta = \frac{N\pi}{4}, \quad N = \pm 1, \pm 3, \ldots \tag{11.80}$$

であるから，$\theta = \pm\dfrac{\pi}{4}, \pm\dfrac{3\pi}{4}, \pm\dfrac{5\pi}{4}, \ldots$ の角度である．また，重心は

$$\begin{aligned}
\sigma_c &= \frac{1}{4}\{0 + (-2.5) + (-5 + j) + (-5 - j)\} \\
&= -3.125
\end{aligned} \tag{11.81}$$

と求められる．したがって，漸近線は図 11.28 となる．

これまでに作成した二つの図から，つぎのことがわかる．$0, -2.5$ を出発した 2 個の特性根は，実軸上を移動して 0 と -2.5 の間で重根となり，その後，分岐して $\pm\dfrac{\pi}{4}$ の角度の漸近線に近づく．また，$-5 \pm j$ を出発した 2 個の特性根は，そのまま $\pm\dfrac{3}{4}\pi$ の角度の漸近線に近づく．そこで，分岐点を求めよう．

性質⑤：分岐点を求める．

$$\frac{1}{s} + \frac{1}{s + 2.5} + \frac{1}{s + 5 - j} + \frac{1}{s + 5 + j} = 0 \tag{11.82}$$

を整理して

$$4s^3 + 37.5s^2 + 102s + 65 = 0 \tag{11.83}$$

となる．上式を解いて，分岐点 $s = -0.9150$ を得る．この分岐点における K の値を求めなくてはならない．

特性方程式は

$$1 + \frac{K}{s(s + 2.5)(s^2 + 10s + 26)} = 0 \tag{11.84}$$

であるから，

$$K = -s(s + 2.5)(s^2 + 10s + 26)\big|_{s=-0.915} = 25.651 \tag{11.85}$$

と求められる.

ところで, $\pm \dfrac{\pi}{4}$ の角度の漸近線は, 不安定領域である右半平面にまで達している. そこで, 根軌跡が虚軸と交わる点を計算する.

性質⑥：特性方程式は, 式 (11.84) の分母を払って整理して

$$s^4 + 12.5s^3 + 51s^2 + 65s + K = 0 \tag{11.86}$$

となる. ラウス表はつぎのようになる.

s^4 行	1	51	K
s^3 行	12.5	65	0
s^2 行	45.8	K	
s^1 行	$\dfrac{2977 - 12.5K}{45.8}$	0	
s^0 行	K		

最左端の列のすべての要素が正となることが, システムが安定になるための必要十分条件である. したがって,

$$0 < K < 238.16 \tag{11.87}$$

となる. 根軌跡が虚軸と交わるのは $K = 238.16$ のときで, そのときの特性根は補助方程式

$$45.8s^2 + 238.16 = 0 \tag{11.88}$$

で与えられる. 方程式 (11.88) を解いて, つぎのようになる.

$$s = \pm j2.280 \tag{11.89}$$

以上から, 根軌跡は図 11.29 となる.

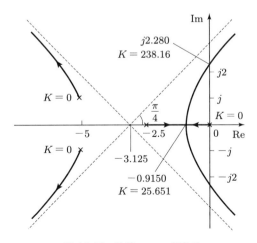

図 11.29　演習 11.7 の根軌跡

第12章
設計例の演習

設計例① 閉ループ系を安定化する補償器を設計する

不安定な制御対象を図12.1に示す制御系によって安定化したい．ここで，$K_P > 0$, $T_1 > 0$, $T_2 > 0$ とする．

(1) 安定化するには直列補償器に，位相進み補償器と位相遅れ補償器のどちら を使うべきか．

(2) 直列補償器を電気回路で実現せよ．

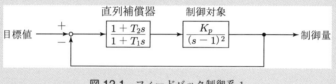

図 12.1 フィードバック制御系 1

解 (1) 閉ループ系の特性方程式は

$$1 + \frac{1 + T_2 s}{1 + T_1 s} \cdot \frac{K_P}{(s-1)^2} = 0 \tag{12.1}$$

である．上式の分母を払って整理すると，

$$T_1 s^3 + (1 - 2T_1)s^2 + (T_1 + K_P T_2 - 2)s + K_P + 1 = 0 \tag{12.2}$$

となる．上式にラウス–フルビッツの安定判別法を適用して，安定条件を求めよう．ラウス 表はつぎのようになる．

$$
\begin{array}{llll}
s^3 \text{ 行} & T_1 & T_1 + K_P T_2 - 2 & 0 \\
s^2 \text{ 行} & 1 - 2T_1 & K_P + 1 & 0 \\
s^1 \text{ 行} & \dfrac{b(s)}{1 - 2T_1} & 0 & \\
s^0 \text{ 行} & K_P + 1 & &
\end{array}
$$

ただし，ラウス表中の $b(s)$ はつぎのように計算される．

$$
\begin{aligned}
b(s) &= (1 - 2T_1)(T_1 + K_P T_2 - 2) - (K_P + 1)T_1 \\
&= K_P(T_2 - 2T_1 T_2 - T_1) - 2(T_1 - 1)^2
\end{aligned} \tag{12.3}
$$

図 12.1 の制御系が安定となるための必要十分条件は

$$T_1 > 0 \tag{12.4}$$

$$1 - 2T_1 > 0 \tag{12.5}$$

$$K_P(T_2 - 2T_1 T_2 - T_1) - 2(T_1 - 1)^2 > 0 \tag{12.6}$$

$$K_P + 1 > 0 \tag{12.7}$$

が成り立つことである．式 (12.4) と式 (12.5) から

$$0 < T_1 < \frac{1}{2} \tag{12.8}$$

となる．また，式 (12.7) は，題意より成り立っている．式 (12.6) が成り立つ必要条件として，

$$T_2 - 2T_1 T_2 - T_1 > 0 \tag{12.9}$$

を得る．さらに，式 (12.9) が成り立つ必要条件として次式を得る．

$$T_2 > T_1 \tag{12.10}$$

たとえば，$K_P = 2$ であるとき，式 (12.8) および式 (12.10) を考慮して $T_1 = 0.3$, $T_2 = 3$ に設定すると，式 (12.4)，(12.5)，(12.7) を満足していることはすぐにわかる．式 (12.6) の左辺は

$$K_P(T_2 - 2T_1 T_2 - T_1) - 2(T_1 - 1)^2 = 2(3 - 2 \times 0.3 \times 3 - 0.3) - 2(0.3 - 1)^2$$

$$= 2(3 - 1.8 - 0.3) - 2(-0.7)^2 = 1.8 - 0.98$$

$$= 0.82 > 0 \tag{12.11}$$

と計算され，式 (12.6) も満足していることから，図 12.1 の制御系は安定となる．必要条件式 (12.10) は，位相進み要素を意味するので，用いる直列補償器は位相進み補償器である．

(2) 図 3.2（再掲）の電気回路を考える．

入力電圧 $v_i(t)$ から出力電圧 $v_o(t)$ までの伝達関数は演習 3.5 で求めており，

$$\frac{V_o(s)}{V_i(s)} = \frac{R_1 + R_1 R_2 C s}{R_1 + R_2 + R_1 R_2 C s} \tag{3.43 再掲}$$

である．ここで，

$$R_1 : R_2 = 1 : k, \quad k > 0 \tag{12.12}$$

すなわち，$R_2 = kR_1$ とすると，式 (3.43) は

$$\frac{V_o(s)}{V_i(s)} = K\frac{1+T_2 s}{1+T_1 s} \tag{12.13}$$

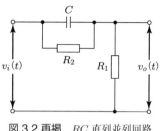

と書き直すことができる．ただし，

$$K = \frac{1}{1+k} \tag{12.14}$$

$$T_1 = \frac{kR_1 C}{1+k} \tag{12.15}$$

$$T_2 = kR_1 C \tag{12.16}$$

図 3.2 再掲　*RC 直列並列回路*

である．式 (12.15) と式 (12.16) において $k > 0$ であることから，$T_2 > T_1$ となり，位相進み補償器を実現できていることがわかる． ◀

解説

式 (3.43) から式 (12.13) への式変形を行おう．

$$\frac{V_o(s)}{V_i(s)} = \frac{R_1 + R_1 R_2 Cs}{R_1 + R_2 + R_1 R_2 Cs} \tag{3.43 再掲}$$

に $R_2 = kR_1$ を代入すると次式となる．

$$\frac{V_o(s)}{V_i(s)} = \frac{R_1 + R_1 R_2 Cs}{R_1 + R_2 + R_1 R_2 Cs} = \frac{R_1 + kR_1{}^2 Cs}{(1+k)R_1 + kR_1{}^2 Cs} \tag{12.17}$$

$R_1 \neq 0$ なので，上式を R_1 で約分する．

$$\frac{R_1 + kR_1{}^2 Cs}{(1+k)R_1 + kR_1{}^2 Cs} = \frac{1 + kR_1 Cs}{(1+k) + kR_1 Cs} \tag{12.18}$$

上式はつぎのように変形できる．

$$\frac{1 + kR_1 Cs}{(1+k) + kR_1 Cs} = \frac{1}{1+k}\cdot\frac{1 + kR_1 Cs}{1 + \dfrac{k}{1+k}R_1 Cs} \tag{12.19}$$

上式から，式 (12.13)〜(12.16) の成立を確認できる．

設計例② 制御系を安定限界とするパラメータの値とそのときのすべての特性根を求める

(1)　図 12.2 に示す制御系が安定限界となるときのパラメータ K の条件を，ラウス‐フルビッツの安定判別法を用いて求めよ．また，そのときの閉ループ系のすべての特性根を求めよ．

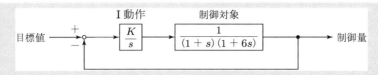

図 12.2　フィードバック制御系 2

(2)　図 12.3 に示す制御系が安定限界となるときのパラメータ K の条件をナイキストの安定判別法を用いて求めよ．また，そのときの閉ループ系のすべての特性根を求めよ．ここで，$K > 0$ とする．

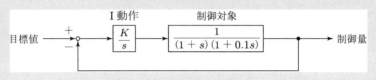

図 12.3　フィードバック制御系 3

解　(1)　閉ループ系の特性方程式

$$1 + \frac{K}{s(s+1)(6s+1)} = 0 \tag{12.20}$$

の分母を払って整理すると，

$$6s^3 + 7s^2 + s + K = 0 \tag{12.21}$$

となる．上式に対してラウス表を作成する．

$$
\begin{array}{llll}
s^3 \text{ 行} & 6 & 1 & 0 \\
s^2 \text{ 行} & 7 & K & \\
s^1 \text{ 行} & \dfrac{7-6K}{7} & 0 & \\
s^0 \text{ 行} & K & &
\end{array}
$$

ラウス表から，図 12.2 の制御系を安定にするパラメータ K の条件は，

$$0 < K < \frac{7}{6} \tag{12.22}$$

と求められる．$K = \dfrac{7}{6}$ のときが安定限界であり，虚軸上の特性根は，s^2 行の要素からつくられる補助方程式

$$7s^2 + \frac{7}{6} = 0 \tag{12.23}$$

の根である．上式を解いて，つぎのようになる．

$$s = \pm j \frac{\sqrt{6}}{6} = \pm j0.4082 \tag{12.24}$$

特性方程式 (12.21) に $K = \dfrac{7}{6}$ を代入した

$$6s^3 + 7s^2 + s + \frac{7}{6} = 0 \tag{12.25}$$

は，補助方程式 (12.23) と等価の

$$6s^2 + 1 = 0 \tag{12.26}$$

で割り切れるはずである．そこで，多項式の割り算を実施すると，

$$
\begin{array}{r}
s + \dfrac{7}{6} \\[4pt]
6s^2 + 1 \overline{\smash{\big)}\, 6s^3 + 7s^2 + s + \dfrac{7}{6}} \\[4pt]
\underline{6s^3 + s } \\[4pt]
7s^2 + \dfrac{7}{6} \\[4pt]
\underline{7s^2 + \dfrac{7}{6}} \\[4pt]
0
\end{array}
$$

となる．したがって，式 (12.25) はつぎのように因数分解できる．

$$(6s^2 + 1)\left(s + \frac{7}{6}\right) = 0 \tag{12.27}$$

すなわち，もう一つの特性根は，$-\dfrac{7}{6}$ である．

解説

安定限界のときの持続振動の角周波数を求めるには，s^2 行からつくられる補助方程式

$$6s^2 + 1 = 0 \tag{12.26 再掲}$$

において $s = j\omega$ として得られる ω の方程式

$$-6\omega^2 + 1 = 0 \tag{12.28}$$

を $\omega > 0$ の条件で解けばよい．上式を解くことで次式を得る．

$$\omega = \frac{1}{\sqrt{6}} = \frac{\sqrt{6}}{6} \,[\text{rad/s}] \tag{12.29}$$

共役複素数の特性根を複素平面上にプロットしたとき，原点からの距離が固有角周波数で

あるという知識を使えば，

$$s = \pm j \frac{\sqrt{6}}{6} = \pm j0.4082 \tag{12.24 再掲}$$

を得た時点で，持続振動の角周波数が式 (12.29) となることはすぐにわかる．

---

(2) 一巡伝達関数は

$$G(s)H(s) = \frac{K}{s(1+s)(1+0.1s)} \tag{12.30}$$

であるから，$s = j\omega$ とおいて一巡周波数伝達関数はつぎのようになる．

$$G(j\omega)H(j\omega) = \frac{K}{j\omega(1+j\omega)(1+0.1j\omega)} = \frac{K}{-1.1\omega^2 + j\omega(1-0.1\omega^2)} \tag{12.31}$$

上式で表される一巡周波数伝達関数のベクトル軌跡が実軸と交わる点は，式 (12.31) の分母の複素数の虚部をゼロとすることから求められる．

$$1 - 0.1\omega^2 = 0 \tag{12.32}$$

上式を $\omega > 0$ の条件で解いて

$$\omega_{cp} = \sqrt{10}\,[\text{rad/s}] \tag{12.33}$$

を得る．上式の ω_{cp} が位相交差角周波数である．
$\omega = \omega_{cp}$ のときの一巡周波数伝達関数は，式 (12.31) から

$$G(j\omega_{cp})H(j\omega_{cp}) = \frac{K}{-1.1 \times 10} = -\frac{K}{11} \tag{12.34}$$

となるので，実軸との交点は $-\dfrac{K}{11} + j0$ である．ナイキストの安定判別法を適用して，制御系を安定にする条件は

$$-1 < -\frac{K}{11} < 0$$

$$\therefore\ 0 < K < 11 \tag{12.35}$$

と求められる．したがって，制御系が安定限界となるのは，$K = 11$ のときである．
$K = 11$ のとき，制御系の特性根は，共役な純虚数と安定な実根からなる．そこで，特性方程式を

$$(s+a)(s^2+b) = 0, \quad a > 0, \quad b > 0 \tag{12.36}$$

とおこう．上式を展開すると次式となる．

$$s^3 + as^2 + bs + ab = 0 \tag{12.37}$$

ところで，閉ループ系の特性方程式

$$1 + \frac{K}{s(1+s)(1+0.1s)} = 0 \tag{12.38}$$

は，上式に $K = 11$ を代入して

$$s^3 + 11s^2 + 10s + 110 = 0 \tag{12.39}$$

と書き直すことができる．式 (12.37) と式 (12.39) の係数を比較することで，つぎの式を得る．

$$a = 11 \tag{12.40}$$

$$b = 10 \tag{12.41}$$

$$ab = 110 \tag{12.42}$$

したがって，式 (12.36) は

$$(s+11)(s^2+10) = 0 \tag{12.43}$$

となって，特性根は，-11, $\pm j\sqrt{10}$ と求められる． ◀

解説

制御系が安定限界となるときのパラメータ K の条件をナイキストの安定判別法を用いて求めるには，一巡周波数伝達関数のベクトル軌跡が $-1+j0$ を通るようにパラメータ K を調整する．この例では，式 (12.31) を用いて位相交差角周波数 ω_{cp} を求めてから，パラメータ K の調整を行った．このとき ω_{cp} は式 (12.33) で与えられ，パラメータ K の関数になっていない．したがって，K を調整しても，ベクトル軌跡が実軸を横切るときの角周波数は先に求めた ω_{cp} のままであって，安定限界における持続振動の角周波数となる．

ところで，2 次遅れ要素の標準形

$$\frac{\omega_n{}^2}{s^2 + 2\zeta\omega_n s + \omega_n{}^2} \tag{12.44}$$

において減衰係数 ζ をゼロにすれば，減衰のない持続振動の振舞いとなる．すなわち，式 (12.44) で $\zeta = 0$, $\omega_n = \omega_{cp}$ とおいたときの 2 次遅れ要素の特性方程式は

$$s^2 + \omega_{cp}{}^2 = 0 \tag{12.45}$$

である．上式に式 (12.33) を代入すれば，

$$s^2 + 10 = 0 \tag{12.46}$$

となるから，特性根はつぎのように求められる．

$$s = \pm j\sqrt{10} \tag{12.47}$$

すなわち，式 (12.33) で $\omega_{cp} = \sqrt{10}$ と計算できた時点で，持続振動の原因となる純虚数の特性根は $s = \pm j\sqrt{10}$ であると結論づけてかまわない．

設計例③ 　共振値の設計とそのときのゲイン余裕と位相余裕を求める

図 12.4 に示す制御系において，共振値 M_p を 1.3 とするパラメータ K の値を求めよ．また，そのときのゲイン余裕と位相余裕を計算せよ．

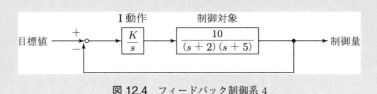

図 12.4 フィードバック制御系 4

解 閉ループ系の特性方程式

$$1 + \frac{10K}{s(s+2)(s+5)} = 0 \tag{12.48}$$

の分母を払って整理すると，つぎのようになる．

$$s^3 + 7s^2 + 10s + 10K = 0 \tag{12.49}$$

特性方程式 (12.49) は 3 次方程式であるから，これを

$$(s+a)(s^2 + 2\zeta\omega s + \omega^2) = 0 \tag{12.50}$$

とおいて展開すると次式となる．ただし，$0 < \zeta < \dfrac{\sqrt{2}}{2} = 0.7071$ とする．

$$s^3 + (a + 2\zeta\omega)s^2 + (2a\zeta\omega + \omega^2)s + a\omega^2 = 0 \tag{12.51}$$

よって，式 (12.49) と式 (12.51) の係数を比較することで

$$a + 2\zeta\omega = 7 \tag{12.52}$$

$$2a\zeta\omega + \omega^2 = 10 \tag{12.53}$$

$$a\omega^2 = 10K \tag{12.54}$$

の関係式を得る．

また，題意から

$$\frac{1}{2\zeta\sqrt{1-\zeta^2}} = 1.3 \tag{12.55}$$

を満たさなくてはならない．以下において，式 (12.52)〜(12.55) の連立方程式を解こう．

式 (12.55) の両辺を 2 乗して，$x = \zeta^2$ とおくと

$$6.76x^2 - 6.76x + 1 = 0 \tag{12.56}$$

となる．上式の解は，$x = 0.820,\ 0.180$ であるから，$0 < \zeta < \dfrac{\sqrt{2}}{2} = 0.7071$ の範囲で $\zeta = 0.424$ を得る．この値を式 (12.52) と式 (12.53) に代入する．

$$a + 0.848\omega = 7 \tag{12.57}$$

$$0.848a\omega + \omega^2 = 10 \tag{12.58}$$

式 (12.57) と式 (12.58) から a を消去して

$$0.848(7 - 0.848\omega)\omega + \omega^2 = 10$$

$$\therefore\ 0.281\omega^2 + 5.936\omega - 10 = 0 \tag{12.59}$$

となる．上式の解は 1.573, -22.70 であるので，このうち正の値を採用して

$$\omega = 1.573\,[\mathrm{rad/s}] \tag{12.60}$$

とする．$\omega = 1.573$ を式 (12.57) に代入して

$$a = 7 - 0.848 \times 1.573 = 5.67 \tag{12.61}$$

を得て，式 (12.54) に ω と a の値を代入して

$$K = 1.403 \tag{12.62}$$

を得る．以上で，パラメータ K の値を求めることができた．

つぎに，$K = 1.403$ の場合のゲイン余裕を計算しよう．一巡伝達関数は

$$G(s)H(s) = \frac{14.03}{s(s+2)(s+5)} \tag{12.63}$$

であるから，一巡周波数伝達関数は

$$G(j\omega)H(j\omega) = \frac{14.03}{j\omega(j\omega + 2)(j\omega + 5)} = \frac{14.03}{-7\omega^2 + j\omega(10 - \omega^2)} \tag{12.64}$$

となる．上式の虚部をゼロとすることで，

$$\omega^2 = 10$$

$$\therefore\ \omega_{cp} = \sqrt{10} = 3.16\,[\mathrm{rad/s}] \tag{12.65}$$

を得る．これが位相交差角周波数である．

$\omega = \omega_{cp}$ のとき，式 (12.64) はつぎのようになる．

$$G(j\omega_{cp})H(j\omega_{cp}) = \frac{14.03}{-7 \times 10} = \frac{14.03}{-70} = -0.200 \tag{12.66}$$

したがって，ゲイン余裕 g_m はつぎのように求められる．

$$g_m = 20\log_{10}\frac{1}{|G(j\omega_{cp})H(j\omega_{cp})|} = 20\log_{10}\frac{1}{0.2} = 20\log_{10}5 = 20 \times 0.699$$

$$\approx 14\,[\mathrm{dB}] \tag{12.67}$$

続いて，$K = 1.403$ の場合の位相余裕を計算しよう．まず，一巡周波数伝達関数 $G(j\omega)H(j\omega)$ の絶対値が 1 となるゲイン交差角周波数 ω_{cg} を求める．式 (12.64) から，

$$|G(j\omega)H(j\omega)| = \frac{14.03}{\sqrt{49\omega^4 + \omega^2(10-\omega^2)^2}} = 1 \tag{12.68}$$

を満たす ω が ω_{cg} である．$x = \omega^2$ とおいて上式を整理すると，

$$x^3 + 29x^2 + 100x - 196.8 = 0 \tag{12.69}$$

となり，これを解いて，$x = 1.385$ を得る．したがって，

$$\omega_{cg} = \sqrt{1.385} = 1.18\,[\mathrm{rad/s}] \tag{12.70}$$

と求められる．$\omega = \omega_{cg}$ のときの一巡周波数伝達関数はつぎのようになる．

$$G(j\omega_{cg})H(j\omega_{cg}) = \frac{14.03}{-7\omega_{cg}{}^2 + j\omega_{cg}(10 - \omega_{cg}{}^2)} = \frac{14.03}{-9.75 + j10.16} \tag{12.71}$$

上式の位相は

$$\theta(\omega_{cg}) = \angle G(j\omega_{cg})H(j\omega_{cg}) = -\angle(-9.75 + j10.16) = -133.8\,[\mathrm{deg}] \tag{12.72}$$

と計算されるので，位相余裕 ϕ_m はつぎのように求められる．

$$\phi_m = \theta(\omega_{cg}) - (-180) = -133.8 + 180 = 46.2\,[\mathrm{deg}] \tag{12.73}\blacktriangleleft$$

設計例④ 　代表特性根の減衰係数を指定する

図 12.5 に示す制御系の代表特性根の減衰係数 ζ を 0.5 とするパラメータ K の値を求めよ．また，このときの固有角周波数 ω_n を求めよ．

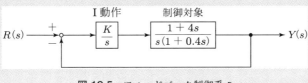

図 12.5　フィードバック制御系 5

解　閉ループ系の伝達関数は

$$\frac{Y(s)}{R(s)} = \frac{\dfrac{K(1+4s)}{s^2(1+0.4s)}}{1+\dfrac{K(1+4s)}{s^2(1+0.4s)}} = \frac{K(1+4s)}{s^2(1+0.4s)+K(1+4s)} = \frac{4Ks+K}{0.4s^3+s^2+4Ks+K}$$

(12.74)

と計算されるから，閉ループ系の特性方程式は次式である.

$$0.4s^3 + s^2 + 4Ks + K = 0 \tag{12.75}$$

3 次方程式 (12.75) をつぎの形に当てはめる.

$$0.4(s+a)(s^2+2\zeta\omega_n s+\omega_n{}^2) = 0 \tag{12.76}$$

上式を展開すれば，つぎのように書き直すことができる.

$$0.4\{s^3+(2\zeta\omega_n+a)s^2+(\omega_n{}^2+2a\zeta\omega_n)s+a\omega_n{}^2\} = 0 \tag{12.77}$$

式 (12.75) と式 (12.77) を係数比較することで，

$$0.4(2\zeta\omega_n+a) = 1 \tag{12.78}$$

$$0.4(\omega_n{}^2+2a\zeta\omega_n) = 4K \tag{12.79}$$

$$0.4a\omega_n{}^2 = K \tag{12.80}$$

が成り立つ. 式 (12.78) と式 (12.79) に $\zeta = 0.5$ を代入すると，

$$0.4(\omega_n+a) = 1 \tag{12.81}$$

$$0.4\omega_n(\omega_n+a) = 4K \tag{12.82}$$

となる. 式 (12.81) と式 (12.82) から，

$$\omega_n = 4K \tag{12.83}$$

であることがわかる. この $\omega_n = 4K$ を式 (12.80) と式 (12.81) に代入すると，

$$64aK = 10 \tag{12.84}$$

$$16K + 4a = 10 \tag{12.85}$$

となる. 式 (12.84) と式 (12.85) から a を消去してつぎの式を得る.

$$256K^2 - 160K + 10 = 0 \tag{12.86}$$

上式を解く.

$$K = \frac{80 \pm \sqrt{80^2 - 2560}}{256} = \frac{80 \pm 61.97}{256} = 0.555, \ 0.0704 \tag{12.87}$$

上式を式 (12.83) に代入して

$$\omega_n = 2.22, \ 0.2816 \, [\text{rad/s}] \tag{12.88}$$

を得る．続いて，上式を式 (12.81) に代入することで次式を得る．

$$a = 0.28, \ 2.218 \tag{12.89}$$

　これまでの結果をまとめると，

$$(K, a, \omega_n) = (0.555, 0.28, 2.22), \ (0.0704, 2.218, 0.2816) \tag{12.90}$$

のように，2 組の解が得られた．以下において，解の妥当性を検証しよう．

$$(K, a, \omega_n) = (0.555, 0.28, 2.22) \tag{12.91}$$

の場合，閉ループ系の特性方程式

$$0.4(s + a)(s^2 + 2\zeta\omega_n s + \omega_n{}^2) = 0 \tag{12.76 再掲}$$

は，つぎのようになる．

$$0.4(s + 0.28)(s^2 + 2.22s + 2.22^2) = 0 \tag{12.92}$$

したがって，特性根は

$$s = -0.28, -1.11 \pm j1.922 \tag{12.93}$$

である．また，

$$(K, a, \omega_n) = (0.0704, 2.218, 0.2816) \tag{12.94}$$

の場合は，

$$0.4(s + 2.218)(s^2 + 0.2816s + 0.2816^2) = 0 \tag{12.95}$$

なので，特性根はつぎのようになる．

$$s = -2.218, -0.148 \pm j0.2439 \tag{12.96}$$

　2 組の解の前者では，式 (12.93) にみるように，複素共役根よりも実根のほうが虚軸に近い．よって，代表特性根は実根である．これに対して，後者の組は，式 (12.96) にみるように，実根よりも複素共役根の実部が虚軸に近い．よって，代表特性根は，複素共役根である．本設計例における設計仕様は，代表特性根の減衰係数 ζ を 0.5 とすることであるから，代表特性根は，複素共役根でなくてはならない．

　したがって，本設計例の答えは，つぎのようになる．

$$(K, \omega_n) = (0.0704, 0.2816) \tag{12.97}$$ ◀

解説

2 次遅れ要素の標準形

$$G(s) = \frac{\omega_n{}^2}{s^2 + 2\zeta\omega_n s + \omega_n{}^2} \tag{12.98}$$

において，減衰係数 ζ が $0 < \zeta < 1$ の場合は，特性根とステップ応答は次式で与えられる．

$$\lambda_{1,2} = -\zeta\omega_n \pm j\omega_n\sqrt{1 - \zeta^2} \tag{12.99}$$

$$y(t) = 1 - \frac{1}{\sqrt{1 - \zeta^2}} e^{-\zeta\omega_n t} \sin(\omega_n\sqrt{1 - \zeta^2}\,t + \varphi) \tag{12.100}$$

$$\varphi = \tan^{-1}\frac{\sqrt{1 - \zeta^2}}{\zeta} \tag{12.101}$$

ここで，式 (12.99) で表されている特性根を

$$\lambda_{1,2} = -\alpha \pm j\beta \tag{12.102}$$

で表現すれば，式 (12.100) は

$$y(t) = 1 - \frac{1}{\sqrt{1 - \zeta^2}} e^{-\alpha t} \sin(\beta t + \varphi) \tag{12.103}$$

となる．上式中の $e^{-\alpha t}$ は，$-\alpha < 0$ ならば，$e^{-\alpha t} \to 0$, $t \to \infty$ となる．$\alpha > 0$ の値が大きければ大きいほどより速やかに減衰する．逆に，値が小さい，すなわち，虚軸に近いと減衰するのに時間を要する．

他の特性根と比較して，虚軸に近い特性根を代表特性根または支配的特性根という．本設計例では，実根（$\beta = 0$）と共役複素根の複素平面上における位置関係を考察した．

設計例⑤ 　代表特性根の減衰係数と固有角周波数を指定する

　図 12.6 に示す制御系の代表特性根の減衰係数 ζ と固有角周波数 ω_n をそれぞれ 0.7, 10 とするには，パラメータ K と F の値をいくらにすればよいか．

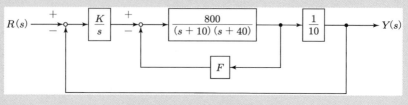

図 12.6 フィードバック制御系 6

解　まず，内側のフィードバック結合を等価変換する．

$$\frac{\dfrac{800}{(s+10)(s+40)}}{1+\dfrac{800F}{(s+10)(s+40)}}=\frac{800}{(s+10)(s+40)+800F} \tag{12.104}$$

よって，つぎの図 12.7 のようになる．

三つのブロックを直列結合の等価変換を適用して一つのブロックにする（図 12.8）．

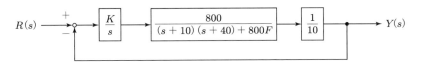

図 12.7　内側のフィードバック結合を等価変換したフィードバック制御系

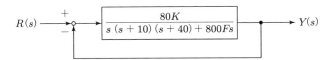

図 12.8　三つのブロックの直列結合を等価変換したフィードバック制御系

もう一度，フィードバック結合を等価変換する．

$$\frac{\dfrac{80K}{s(s+10)(s+40)+800Fs}}{1+\dfrac{80K}{s(s+10)(s+40)+800Fs}}=\frac{80K}{s(s^2+50s+400)+800Fs+80K}$$

$$=\frac{80K}{s^3+50s^2+(400+800F)s+80K} \tag{12.105}$$

したがって，図 12.6 の制御系の特性方程式は

$$s^3+50s^2+(400+800F)s+80K=0 \tag{12.106}$$

であって，3 次方程式である．

3 次方程式は，少なくとも 1 個の実根をもつので，式 (12.106) の根を，1 個の実根と一対の共役複素根とみなして，式 (12.106) を

$$(s+a)(s^2+2\zeta\omega_n s+\omega_n{}^2)=0 \tag{12.107}$$

で表すこととする．上式を展開する．

$$s^3+(2\zeta\omega_n+a)s^2+(\omega_n{}^2+2a\zeta\omega_n)s+a\omega_n{}^2=0 \tag{12.108}$$

式 (12.106) と式 (12.108) を係数比較することでつぎの関係を得る．

$$2\zeta\omega_n + a = 50 \tag{12.109}$$

$$\omega_n{}^2 + 2a\zeta\omega_n = 400 + 800F \tag{12.110}$$

$$a\omega_n{}^2 = 80K \tag{12.111}$$

題意から，式 (12.109)〜(12.111) に，$\zeta = 0.7$, $\omega_n = 10$ を代入すると，つぎのようになる.

$$14 + a = 50 \tag{12.112}$$

$$100 + 14a = 400 + 800F \tag{12.113}$$

$$100a = 80K \tag{12.114}$$

式 (12.112) から，$a = 36$ が求められ，これを式 (12.113) と式 (12.114) に代入することで，$F = 0.255$, $K = 45$ を得る. ◀

解説

最後に，複素共役根がこの制御系の代表特性根になっていることを確認しておこう. 閉ループ系の特性方程式

$$(s + a)(s^2 + 2\zeta\omega_n s + \omega_n{}^2) = 0 \tag{12.107 再掲}$$

に，$a = 36, \zeta = 0.7, \omega_n = 10$ を代入すると，

$$(s + 36)(s^2 + 14s + 100) = 0 \tag{12.115}$$

となる. したがって，特性根は

$$\lambda_1 = -36 \tag{12.116}$$

$$\lambda_{2,3} = -7 \pm j\sqrt{51} \tag{12.117}$$

である. 複素平面上，実根よりも複素共役根のほうが虚軸に近い位置にあるので，この制御系の代表特性根は複素共役根であることが確認できた.

したがって，設計仕様を達成するパラメータ K と F の値は，それぞれ，$45, 0.255$ である.

設計例⑥ 🔲 制御系の直列補償器の形を変えながら減衰係数を指定する

(1) 図 12.9 に示す制御系の制御装置 $G_C(s)$ を $G_C(s) = K$ とするとき，閉ループ系の減衰係数 ζ を 0.7 とするにはパラメータ K の値をいくらにすればよいか. また，このときの固有角周波数 ω_n と目標値を単位ステップ状に変化させたときの定常位置偏差 e_p を求めよ.

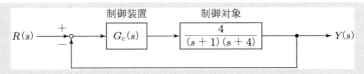

図 12.9　フィードバック制御系 7

(2)　目標値のステップ状変化に対する定常位置偏差をゼロとするために，図 12.9 に示す制御系の制御装置 $G_C(s)$ を $G_C(s) = \dfrac{K}{s}$ とした．代表特性根の減衰係数 ζ を 0.7 とするにはパラメータ K の値をいくらにすればよいか．また，このときの固有角周波数 ω_n を求めよ．

(3)　速応性を改善するために，図 12.9 に示した制御系の制御装置 $G_C(s)$ を $G_C(s) = \dfrac{K(s+1)}{s}$ とした．代表特性根の減衰係数 ζ を 0.7 とするにはパラメータ K の値をいくらにすればよいか．また，このときの固有角周波数 ω_n を求めよ．

解　(1)　閉ループ系の伝達関数は

$$\frac{Y(s)}{R(s)} = \frac{\dfrac{4K}{(s+1)(s+4)}}{1 + \dfrac{4K}{(s+1)(s+4)}} = \frac{4K}{s^2 + 5s + (4+4K)} \tag{12.118}$$

なので，特性方程式は

$$s^2 + 5s + (4+4K) = 0 \tag{12.119}$$

である．上式と 2 次遅れ要素標準形の特性方程式

$$s^2 + 2\zeta\omega_n s + \omega_n{}^2 = 0 \tag{12.120}$$

を係数比較することで，つぎの関係式を得る．

$$2\zeta\omega_n = 5 \tag{12.121}$$

$$\omega_n{}^2 = 4 + 4K \tag{12.122}$$

　題意から，式 (12.121) に $\zeta = 0.7$ を代入して，$\omega_n = 3.571$ となる．また，この値を式 (12.122) に代入することで，$K = 2.189$ を得る．

　つぎに，定常位置偏差 e_p を計算しよう．制御偏差 $E(s)$ を

$$E(s) = R(s) - Y(s) \tag{12.123}$$

とすれば，図 12.9 から次式が成立することがわかる．

$$E(s) = R(s) - \frac{4K}{(s+1)(s+4)} E(s) \tag{12.124}$$

上式は

$$\frac{E(s)}{R(s)} = \frac{s^2 + 5s + 4}{s^2 + 5s + (4 + 4K)} \tag{12.125}$$

と書き直すことができる.

したがって，ラプラス変換の最終値の定理を適用して

$$e_p = \lim_{s \to 0} s E(s) = \lim_{s \to 0} s \cdot \frac{s^2 + 5s + 4}{s^2 + 5s + (4 + 4K)} \cdot \frac{1}{s} = \frac{1}{1 + K} \tag{12.126}$$

となる. 上式に $K = 2.189$ を代入して次式を得る.

$$e_p = \frac{1}{1 + 2.189} = 0.3136 \tag{12.127}$$

(2) 閉ループ系の伝達関数は

$$\frac{Y(s)}{R(s)} = \frac{\dfrac{4K}{s(s+1)(s+4)}}{1 + \dfrac{4K}{s(s+1)(s+4)}} = \frac{4K}{s^3 + 5s^2 + 4s + 4K} \tag{12.128}$$

なので，特性方程式は

$$s^3 + 5s^2 + 4s + 4K = 0 \tag{12.129}$$

である. 上式は 3 次方程式となるから，一つの実根と一対の共役複素根からなるつぎの 3 次の特性方程式を考える.

$$(s+a)(s^2 + 2\zeta\omega_n s + \omega_n{}^2) = 0 \tag{12.130}$$

上式を展開して，式 (12.129) と係数比較することで，つぎの関係式を得る.

$$2\zeta\omega_n + a = 5 \tag{12.131}$$

$$\omega_n{}^2 + 2a\zeta\omega_n = 4 \tag{12.132}$$

$$a\omega_n{}^2 = 4K \tag{12.133}$$

題意より，式 (12.131) と式 (12.132) に $\zeta = 0.7$ を代入すると，

$$1.4\omega_n + a = 5 \tag{12.134}$$

$$\omega_n{}^2 + 1.4a\omega_n = 4 \tag{12.135}$$

となる. 式 (12.134) と式 (12.135) から a を消去してつくる，ω_n を求めるための 2 次方程式

$$0.96\omega_n{}^2 - 7\omega_n + 4 = 0 \tag{12.136}$$

の解は，$\omega_n = 6.667, 0.625$ となる．この値を式 (12.134) に代入して，$a = -4.334, 4.125$ を得る．さらに，これらの値を式 (12.133) に代入して，$K = -48.16, 0.4028$ と計算される．

以上から，

$$(K, a, \omega_n) = (-48.16, -4.334, 6.667), (0.4028, 4.125, 0.625) \tag{12.137}$$

の 2 組の解が求められた．前者は，K と a が負である．$K < 0$ の場合は特性方程式 (12.129) の係数に負があるので，ラウス – フルビッツの安定判別法から，この制御系は不安定であると判定される．また，式 (12.130) から特性根の実根は $4.334 > 0$ なので，制御系は不安定である．

したがって，式 (12.137) の後者の組が求める解である．

解説

最後に，複素共役根が代表特性根となっていることを確認しよう．

$$(a, \zeta, \omega_n) = (4.125, 0.7, 0.625) \tag{12.138}$$

を式 (12.130) に代入する．

$$(s + 4.125)(s^2 + 0.875s + 0.3906) = 0 \tag{12.139}$$

特性方程式 (12.139) の解は

$$s = -4.125, \quad -0.4375 \pm j0.4463 \tag{12.140}$$

と求められ，複素平面上において実根よりも共役複素数のほうが虚軸に近いことがわかる．よって，代表特性根は，複素共役根である．

以上から，本設計例の答えはつぎのようになる．

$$(K, \omega_n) = (0.4028, 0.625) \tag{12.141}$$

---

(3)　閉ループ系の伝達関数は

$$\frac{Y(s)}{R(s)} = \frac{\dfrac{4K}{s(s+4)}}{1 + \dfrac{4K}{s(s+4)}} = \frac{4K}{s^2 + 4s + 4K} \tag{12.142}$$

であるから，特性方程式は

$$s^2 + 4s + 4K = 0 \tag{12.143}$$

である．式 (12.143) と 2 次遅れ要素標準形の特性方程式

$$s^2 + 2\zeta\omega_n s + \omega_n{}^2 = 0 \qquad\qquad (12.120\ 再掲)$$

を係数比較することで，つぎの関係式を得る.

$$2\zeta\omega_n = 4 \qquad\qquad (12.144)$$

$$\omega_n{}^2 = 4K \qquad\qquad (12.145)$$

　題意から，式 (12.144) に $\zeta = 0.7$ を代入して，$\omega_n = 2.857\,[\mathrm{rad/s}]$ となる．また，この値を式 (12.145) に代入することで，$K = 2.041$ を得る． ◀

解説

　この場合の固有角周波数 ω_n は，(2) の場合の $\dfrac{2.857}{0.625} = 4.571$ 倍であり，(1) の場合の $\dfrac{2.857}{3.571} = 0.800$ 倍である．すなわち，フィードバック制御の速応性は，(1) の場合とほぼ同程度であって，定常位置偏差をゼロにするために積分動作を設けたことによる速応性の劣化を回復できていることがわかる.

参考文献

[1] 森 泰親：演習で学ぶ基礎制御工学，森北出版 (2004)

[2] 森 泰親：演習で学ぶ PID 制御，森北出版 (2009)

[3] 市川邦彦：自動制御の理論と演習，産業図書 (1962)

[4] 中村嘉平，若山伊三雄：例題演習 自動制御入門，産業図書 (1964)

[5] Benjamin C. Kuo : Automatic Control Systems, Second Edition, Prentice Hall, Inc., Maruzen Co., Ltd. (1967)

[6] 鈴木 隆：自動制御理論演習，学献社 (1969)

[7] 鈴木 隆：自動制御の基礎と演習，学献社 (2002)

[8] 佐藤達男，佐藤雄司：電気工学入門演習 自動制御，学献社 (1980)

[9] 添田 喬，中溝高好：自動制御の講義と演習，日新出版 (1988)

[10] 鳥羽栄治，山浦逸雄：制御工学演習，森北出版 (1996)

[11] 森 泰親：大学講義テキスト 古典制御，コロナ社 (2020)

索　引

著 者 略 歴

森 泰親（もり・やすちか）
- 1976 年　早稲田大学理工学部電気工学科卒業
- 1981 年　同大学院理工学研究科電気工学専攻博士課程修了（工学博士）
- 1999 年　防衛大学校機械システム工学科 教授
- 2003 年　東京都立科学技術大学電子システム工学科 教授
- 2005 年　首都大学東京システムデザイン学部 教授
- 2015 年　首都大学東京システムデザイン学部 学部長兼研究科長
- 2018 年　首都大学東京（現 東京都立大学） 名誉教授
- 同　年　交通システム電機株式会社 取締役副社長
　　　　　現在に至る
　　　　　電気学会上級会員（2005 年）
　　　　　計測自動制御学会フェロー（2010 年）
- 著　書　制御理論の基礎と応用（共著，産業図書，1995 年）
　　　　　大学講義シリーズ 制御工学（コロナ社，2001 年）
　　　　　演習で学ぶ現代制御理論（森北出版，2003 年）
　　　　　演習で学ぶ基礎制御工学（森北出版，2004 年）
　　　　　演習で学ぶ PID 制御（森北出版，2009 年）
　　　　　演習で学ぶディジタル制御（森北出版，2012 年）
　　　　　わかりやすい現代制御理論（森北出版，2013 年）
　　　　　大学講義テキスト 古典制御（コロナ社，2020 年）
　　　　　大学講義テキスト 現在制御（コロナ社，2020 年）

編集担当　加藤義之(森北出版)
編集責任　富井　晃(森北出版)
組　　版　ウルス
印　　刷　丸井工文社
製　　本　同

演習で学ぶ基礎制御工学 実践編　　　　　　　　　　Ⓒ 森　泰親　2021

2021 年 11 月 9 日　第 1 版第 1 刷発行　　　　【本書の無断転載を禁ず】

著　　者　森 泰親
発 行 者　森北博巳
発 行 所　森北出版株式会社
　　　　　東京都千代田区富士見 1–4–11（〒102–0071）
　　　　　電話 03–3265–8341／FAX 03–3264–8709
　　　　　https://www.morikita.co.jp/
　　　　　日本書籍出版協会・自然科学書協会　会員
　　　　　JCOPY ＜(一社)出版者著作権管理機構 委託出版物＞

Printed in Japan／ISBN978–4–627–92241–9